AF383783

MONOGRAPHIE
DU
GENRE RINGICULA

ET

DESCRIPTION
DE QUELQUES ESPÈCES NOUVELLES

PAR

LE COMMANDANT L. MORLET

PARIS

—

CHEZ L'AUTEUR,
RUE DE VINCENNES, 84, A MONTREUIL-SOUS-BOIS (SEINE)
A PARIS, CHEZ F. SAVY, LIBRAIRE
BOULEVARD SAINT-GERMAIN, 77

1878

MONOGRAPHIE

DU

GENRE RINGICULA

ET DESCRIPTIONS

DE QUELQUES ESPÈCES NOUVELLES

PAR

LE COMMANDANT L. MORLET.

Avant-propos.

En cherchant à classer quelques espèces de Ringicules vivantes et fossiles, nous avons été frappé du nombre relativement assez grand de ces espèces et des difficultés que présente leur détermination. Ces raisons nous ont engagé à réunir tous les documents que nous avons pu nous procurer pour arriver à constituer une Monographie de ce genre si intéressant. Nous prions toutes les personnes qui nous ont aidé dans cette tâche de vouloir bien accepter nos remercîments, et l'expression de notre sincère reconnaissance.

Historique.

Le genre Ringicula a été créé, en 1858, par Deshayes.

Jusqu'à cette époque, une grande confusion, relativement à ce genre, régnait parmi les conchyliologistes. Quelques-uns considéraient les espèces qui s'y rapportent, tantôt comme des Auriculina, tantôt comme des Marginella ; enfin, d'autres les plaçaient parmi les Pedipes, les Voluta, les Auricula, les Nassa. etc.

Deshayes, dans la 2ᵉ édition des Animaux sans vertèbres de Lamarck (VIIIᵉ vol.), en traitant des Auricula, donna les caractères de son nouveau genre ; il prit pour type le Ringicula ringens, espèce fossile du bassin de Paris.

Genre RINGICULA, Deshayes, 1838.

Nassa, Férussac, 1819 (pars).
Marginella, Ménard, 1811, Philippi, 1836 (pars).
Voluta, Brocchi, 1814 (pars).
Auricula, Lamarck, 1822 (pars).
Pedipes, Dujardin, 1855 (pars).
Auriculina, Grateloup, 1838 (pars).

Caractères génériques.

Coquille petite, ovale, globuleuse, à spire assez courte, subéchancrée à la base. Ouverture parallèle à l'axe, longitudinale, étroite, calleuse. Columelle courte, arquée, ayant 2 ou 5 plis presque égaux et une dent saillante, vers l'angle postérieur de l'ouverture. Bord droit très-épais, renversé en dehors, presque toujours sans dent ou unidenté, simple ou finement plissé.

L'animal des Ringicules n'était pas connu jusqu'ici. M. Fischer a examiné quelques spécimens provenant du cap Breton (Landes), et qui nous ont été communiqués par M. de Folin. Voici ce qu'il a remarqué :

« L'animal, conservé dans l'alcool, rentre complète-
« ment dans la coquille, mais, parfois, une portion du
« manteau reste appliquée sur la callosité de la columelle.
« Je n'ai pu distinguer la tête et je ne sais pas quelle est
« la position des yeux. Il n'existe pas d'opercule.

« J'ai trouvé deux mâchoires en forme de plaque sub-
« trigone et à surface finement guillochée. Les mâ-
« choires de ce type existent chez un grand nombre de
« Mollusques marins (Triton, Rissoa, Akera, Ceri-
« thium, etc.).

« Le ruban lingual est formé, de chaque côté, par une
« rangée transverse de dents très-longues, aiguës au som-
« met, où elles sont légèrement recourbées et bifides, à
« leur insertion sur la plaque. Les dents se croisent de
« telle sorte que la pointe de celles de la rangée de droite
« atteint presque la base de celles de la rangée de gauche.
« Pas de dent rachiale ou centrale.

« La petitesse de ces dents est telle, qu'il m'est impos-
« sible d'affirmer s'il n'existe pas une dent transversale
« plus petite entre deux dents de chaque côté, mais je
« pense, néanmoins, que chaque rangée de droite et de
« gauche se compose de dents uniformes, semblables.

« Dans ce cas, les Ringicules auraient, par leur plaque
« linguale, une grande ressemblance avec les Philine
« (Bullæa, Lamarck), et les Scaphander, dont on peut les
« rapprocher provisoirement, jusqu'au moment où l'ob-
« servation des individus vivants indiquera leur place
« définitive, en faisant connaître la manière dont les
« yeux sont disposés (Fischer). »

Distribution géographique.

Les Ringicules, à l'état vivant, se trouvent dans presque
toutes les mers du globe, à l'exception des mers froides.

Nous les répartissons en 4 régions :

1° Océan Indien, mer Rouge, Grand Océan, Océan Pacifique, 16 espèces ;

2° Côte E. d'Amérique et Antilles, 2 espèces ;

3° Côte O. d'Afrique, 3 espèces ;

4° Mers d'Europe, 4 espèces.

Quelques espèces vivantes ont été signalées à l'état fossile. Nous les indiquerons également dans la liste des fossiles. Quant à celles-ci, nous les énumérons d'après leur horizon géologique.

A. Liste des Espèces vivantes.

1. Ringicula acuta, Philippi.

R. acuta, Philippi, Zeitsch. für Malak., vol. VI, p. 35, 1849.
— Issel, Malac. mar Rosso, p. 157, 1869.
— Nevill, Journ. As. Soc. of Bengal, vol. XLIV, part. II, p. 101, 1875.
Var. Ringicula minuta, H. Adams, Proc. Zool. Soc. London, p. 11, pl. III, fig. 16, 1872.

Testa ovato-oblonga, acuminata, transversim striata, anfractu ultimo spiram parum superante; apertura ad labrum intus valde incrassatum, medio productum, coarctata, ringente (Philippi). — *Long. max.,* 4 *mill.; diam.,* 3 *mill.* — *Long. min.* 13 *mill.; diam.* 1 *mill.*

Hab. Aden (Th. Philippi) ; Java (Dupuy) ; golfe d'Oman, Gwadar, littoral de la Perse, Bombay, Ceylan et Arakan. Très-commun dans toutes ces localités (Nevill) ; Singapore (Stoliczka). La variété minuta habite les mêmes localités et se trouve aussi dans la mer Rouge, à Suez (Mac-Andrew).

Obs. *Forma angusta, acuta, fere exacte eadem atque in R. striata, Philippi, fossili, sed striæ confertæ, minus conspicuæ et labrum, in adultis, intus valde incrassatum, medio in dentem obtusum, productum, unde apertura coarctata et ringens evadit* (Philippi).

Une forme voisine a été trouvée par M. Nevill, à Natal.

Il existe également un R. acuta fossile de Wilhemshöhe, décrit par M. Sandberger, mais qui est différent et que nous décrirons plus loin sous le nom de R. Sandbergeri.

On cite, dans les synonymies de cette espèce, l'ouvrage de Savigny (Description de l'Égypte, Coq., pl. vi, fig. 7, 1817), mais cette figure représente une coquille lisse et globuleuse, que nous considérons comme très-différente et que nous décrirons ci-dessous.

2. Ringicula Savignyi, L. Morlet (pl. V, fig. 1).

Savigny, description de l'Égypte, coq., pl. VI, fig. 7, 1817.

Testa parva, ovato-globosa, lævigata; spira brevis, acuta; anfractus 5 convexi, sutura simplici discreti, ultimus 2/3 longitudinis æquans, basi rotundatus; apertura coarctata, marginibus callo junctis; margine columellari arcuato, triplicato, plica superna valida, plicis infernis crassis, callo immersis, canali callo partim tecto; labro lævi, rectilineo, extus marginato, intus ad 2/3 longitudinis dilatato, subdentato.—Long. 3 mill.; diam. 2 1/2 mill.

Coquille petite, ovale, globuleuse et lisse. Spire courte et aiguë, composée de 5 tours convexes, séparés par une suture simple, le dernier formant les 2/3 de la coquille et arrondi à la base. Ouverture resserrée. Bords réunis par un léger dépôt calleux ; bord columellaire, arqué, garni de 5 plis, le supérieur très-fort, les inférieurs très-épais et paraissant courts, à cause de l'épaisseur de la callosité qui descend très-bas et couvre, en partie, le canal du siphon ; bord droit lisse, parallèle à l'axe de la coquille, épais, formant une dent, aux 2/3 de la hauteur, et renversé en dehors.

Hab. Baie de Suez, mer Rouge.

Obs. Nous donnons à cette espèce le nom de Savigny qui l'a fait figurer dans son ouvrage (Description de l'Égypte, Coq., pl. VI, fig. 7, 1817), sans dénomination spécifique (Coll. L. Morlet).

3. RINGICULA PRISMATICA, de Folin (pl. V, fig. 2).

R. prismatica, de Folin, Les fonds de la mer, vol. I,
    partie I, p. 87, pl. XI, fig. 1, 1867-1871.
R. apicata, Nevill, Journ. Asiat. Soc. Bengal, vol. XL,
        part. II, p. 5, pl. I, fig. 12, 12ᵃ (non
        10, 10ᵃ), 1871.
   —   Nevill, Journ. Asiat. Soc. Bengal, vol. XLIV,
        p. 102, 1875.

Testa parvula, ovato-globosa, crassa, solida, albida, nitida, interdum subdiaphana, anfractibus quinis, subcarinatis, rapide augentibus, ultimo permagno, 3/4 testæ æquante, ad basin sulcato, sutura simplice, apertura elongata, obliqua, superne canaliculata, margine dextro tridentato, super basin reflexo, dentibus subacutis (de Folin). — *Long. 2,5 mill.; diam., 1,5 mill.*

Hab. Port-Louis, île Maurice : très-rare (Nevill); les rivages de l'île Maurice (de Folin); îles Andaman, Ceylan (Nevill).

Obs. Espèce trouvée récemment par M. Nevill, aux îles Andaman. On peut la distinguer du R. acuta, Philippi, var. minuta, H. Adams, par son aspect lisse et poli, et par son dernier tour ayant seulement 5 stries à la base, au lieu d'être strié en totalité, comme chez d'autres espèces. Elle est légèrement étroite et plus contractée, moins calleuse, avec la dent plus aiguë (Nevill).

M. Nevill n'ayant publié son R. apicata qu'en 1871, il est équitable de restituer à cette espèce le nom de R. prismatica, qui lui avait été imposé, antérieurement, par M. de Folin.

4. Ringicula Folini, L. Morlet (pl. V, fig. 5).

Testa minutissima, ventricosa, crassa, regulariter et valide striata; anfractus 4 1/2 convexiusculi, sutura parum canaliculata discreti, ultimus dimidium longitudinis æquans, basi rotundatus; spira elongata, sensim crescens ; apertura angusta, marginibus callo valido junctis, columellari arcuato, triplicato, plicis æquidistantibus et æqualibus ; labrum fere rectum, incrassatum, medio prominens, extus varicosum (de Folin). — *Long. 2,7 mill.; diam. 1 mill.*

Coquille petite, légèrement ventrue, épaisse, régulièrement et fortement striée; tours, au nombre de 4 1/2, légèrement convexes, séparés par une suture un peu canaliculée, le dernier formant la moitié de la coquille et arrondi à la base. Spire allongée, augmentant graduellement. Ouverture étroite : bords réunis par un dépôt calleux assez fort, bord columellaire fortement arqué, garni de 5 plis à peu près à égale distance l'un de l'autre et égaux ; labre presque droit, épais, surtout au milieu, saillant en dehors.

Hab. Carimata (de Folin); Singapore (Collection de Folin).

5. RINGICULA GOUJONI, de Folin (pl. V, fig. 4).

R. Goujoni, de Folin, Les fonds de la mer, vol. I, partie I,
p. 67, pl. VI, fig. 4, 1867-1871.

*Testa minuta, ovata, subelongata, crassa, solida, alba,
nitida, spiraliter et regulariter sulcata; anfractibus quinis, satis rapide crescentibus, sutura simplice junctis, ultimo permagno, 2/3 testæ æquante; apertura angusta,
paululum obliqua margine dextro labrato, labro crasso,
bidentato; sinistro valde reflexo, incrassato, tridentato
(de Folin). — Long. 2,1 mill.; diam. 1,1 mill.*

Hab. Côte septentrionale de Java (de Folin); Nouvelle-
Calédonie (R. P. Lambert).

6. RINGICULA CANALICULATA, de Folin (pl. V, fig. 6).

R. canaliculata, de Folin, Les fonds de la mer, vol. I,
partie I, p. 67, pl. VI, fig. 6. 1867-1871.

*Testa minuta, ovato-globosa, crassa, solida, alba, ni-
tida, dimidia parte testæ minutissime transversim sulcata;
spira brevi, subacuta; anfractibus quinis, subconvexis,
rapide augentibus, sutura sat profunda separatis, ultimo
permagno, 3/4 testæ æquante; apertura angusta, canali
lato antice truncata, margine dextro valde labrato, labro
crasso, latissimo, ultimum anfractum superante, intus
valde unidentato, sinistro lato, reflexo, incrassato, sulcato, intus tridentato, dentibus prominentibus elonga-
tisque (de Folin). — Long. 3,8 mill.; diam. 2,8 mill.*

Hab. Pointe de Pamalang, Hong-Kong (de Folin) Java
(Deshayes).

Obs. L'exemplaire de Java de la collection Deshayes
constitue une variété de taille plus petite.

7. RINGICULA ENCARPOFERENS, de Folin (pl. V, fig. 5).

R. encarpoferens, de Folin, Les fonds de la mer, vol. I,
partie i, p. 66, pl. vi, fig. 5, 1867-1871.
R. abbreviata, G. et H. Nevill, Journ. Asiat. Soc. Bengal,
vol. XLIV, partie ii, p. 102, 1875.

*Testa minuta, globosa, alba, interdum subdiaphana, ni-
tida, spiraliter et regulariter sulcata; anfractibus qua-
ternis, rapide crescentibus, ultimo permagno, 4/5 testæ
æquante; sutura simplice; apertura elongata, margine
dextro valide labrato, liris subrotundatis, crenulato, extus
super ultimum anfractum late extenso, intus mediam partem versus tumido, ad basin emarginato, sinistro valde
reflexo et incrassato, intus valde denticulato, extus irre-
gulariter crenulato* (de Folin). — *Long.* 2,5 *mill.; diam.,*
2,2 *mill.* (de Folin). — *Long.* 3 *mill.* (sur lesquels le dernier tour seul mesure 2 1/2 mill.); *diam.* 2 1/2 *mill.*
(Nevill).

Hab. Pointe de Pamalang, Batavia, et la côte septentrionale de Java (de Folin); Balapiti, Ceylan (Nevill).

Obs. D'après les dimensions données par M. Nevill, les
échantillons recueillis par lui seraient un peu plus grands
que ceux des localités indiquées par M. de Folin.

M. Nevill n'ayant publié son R. abbreviata qu'en 1875,
il y a lieu de restituer à cette espèce le nom de R. encarpoferens, qui lui avait été imposé, antérieurement, par
M. de Folin.

8. RINGICULA CARON, Hinds (pl. V, fig. 7).

R. Caron, Hinds, Zool. Voy. of H. M. S. Sulphur, vol. II,
p. 47, pl. xvi, fig. 15, 16, 1844.

R. Caron, Hinds, Proceed. Zool. Soc. London, p. 97,
 1844, et p. 98, n° 85, 1871.
— Lischke, Japanische Meeres Conch., vol. II,
 p. 78, 79, 1871.
— Nevill, Journ. Asiat. Soc. Bengal, vol. XLIV,
 part. II, p. 101, 102, 1875.

*Testa ovata, acuminata, striata, nitida; anfractibus
rotundatis, ultimo subtransverso, rotundato, distanter
striato; spira exserta; apertura subabbreviata, labro cor-
rugato* (Hinds). — *Long.* 3,5 *mill.; diam.* 2,5 *mill.*

Hab. Détroit de Malacca, par 17 brasses de profondeur,
vase (Gould); ile Goat, Port-Jackson, Australie; Gwadar
(Blanford).

Obs. Cette espèce a été aussi draguée par M. Blanford,
à Gwadar; elle est parfaitement distincte, par tous ses caractères, du R. acuta. Son bord droit, particulièrement,
est très-différent : le léger développement de la dent pa-
riétale, sa texture différente et sa striation constituent
autant de caractères qui la distinguent de l'acuta.

9. Ringicula propinquans, Hinds.

R. propinquans, Hinds, Proceed. Zool. Soc. London,
 p. 96, 1844.
— Smith, Proceed. Scientific Meetings of
 the Zool. Soc. London, partie I,
 p. 755, 1871.
— Lischke, Japanische Meeres Conch.,
 vol. II, p. 78, 79, 1871.

*Testa ovata, retusa, striata, nitida; anfractibus rotun-
datis, ultimo magno, valide rotundato, concinne striato*
(Hinds). — *Long.* 1 *ligne* 1/2.

Hab. Sual, Philippines, par 5 à 7 brasses de profondeur, sable vaseux (Hinds).

10. RINGICULA EXSERTA, Hinds.

R. exserta, Hinds, Proceed. Zool. Soc. London, p. 17,
1844.
— Angas, Proceed. Zool. Soc. London, p. 98,
n° 87, 1871.

Testa ovata, acuminata, lævigata, polita; anfractibus rotundatis, lævigatis; spira elongata, labro pone valide incrassato (Hinds). — *Long.* 1 *ligne* 2/3.

Hab. Camiguig, par 40 brasses, sable vaseux ; Sorsogon, île de Luzon, par 6 brasses, sable grossier ; Philippines (Hinds) ; Port-Jackson, Australie (Angas).

11. RINGICULA GRANDINOSA, Hinds (pl. V, fig. 8).

R. grandinosa, Hinds, Proceed. Zool. Soc. London,
p. 96, 1844.
— Smith, on West African shells, Proceed.
Zool. Soc. London, p. 735, 1871.

Testa ovata, retusa, lævigata, polita; anfractibus rotundatis, ultimo magno, subquadrato, rotundato; columella superne valde callosa, denticulata (Hinds).—*Long.* 5 *mill.;* *diam.* 3,8 *mill.*

Hab. Bais, île de Negros, par 6 brasses de profondeur, sable grossier ; Cagayan, île de Mindanao, 25 brasses, sable vaseux ; Catbalonga, île de Samar, de 10 à 50 brasses, sable vaseux ; Sorsogon, île de Luzon, Philippines (Hinds).

La même espèce est indiquée à Whydah, côte O. d'A-

Irique, par M. E. Smith, mais cette identification est-elle exacte ?

Cette coquille est petite, ovale, lisse, brillante, un peu bombée en dessus, presque aplatie en dessous. Spire courte, aiguë, composée de 5 tours légèrement convexes, séparés par une suture très-prononcée, le dernier formant presque les 4/5 de la coquille, arrondi à la base. Ouverture étroite; bords réunis par un dépôt calleux très-fort, qui couvre la moitié de l'avant-dernier tour de spire ; bord columellaire oblique par rapport à l'axe de la coquille, garni de 3 plis très-épais : callosité très-renflée et formant, à sa jonction, le long de la coquille, un léger sillon ; bord droit très-épais, très-renversé en dehors, et formant, à sa partie supérieure, un petit canal.

Nous complétons la trop courte diagnose de M. Hinds, d'après des échantillons qui se rapportent à son type.

12. RINGICULA ARCTATA, Gould (pl. V, fig. 9).

R. arctata, Gould, Otia, p. 122, 1871.

> — Angas , Proceed. Scient. meet. Zool. Soc. London, p. 98, nº 88, 1871.
> — Lischke, Japanische Meeres Conch., vol. II, p. 78, 79, pl. v, fig. 16, 17, 1871, et vol. III, p. 59, 1875.

Testa solida, ovata, acuminata, alba; spiræ anfractibus 4, convexis, ultimo striis volventibus (10-12) insculpto; sutura profunda; apertura auriculata, labro incrassato, intus tumido, plicis ad columellam conspicuis; dente parietali robusto, usque ad angulum posticum aperturæ protracto; callo labiali lato, sinum siphonalem transeunte. (Gould). — Long. 4 mill.; diam. 4 mill.

Hab. Ile de Goat, Port-Jackson, Australie (Brazier); Hong-Kong (Gould); Nangasaki (Lischke).

— 15 —

Obs. Cette espèce est voisine des R. Caron et propinquans, mais les lignes transverses sont plus serrées.

13. RINGICULA AUSTRALIS, Hinds (pl. V, fig. 10).

R. australis, Hinds, Proceed. Zool. Soc. London, p. 97,
1844.
— Angas, On the marine Molluscan fauna of
South Australia, p. 156, 1865.
— Crosse, Journ. de Conchyl., vol. XIII,
p. 44, pl. II, fig. 5, 1865.

*Testa ovata, acuminata, lævigata, polita; anfractibus
rotundatis, penultimo sensim minore; spira elongata, in-
fra suturam fascia subalbida cincta* (Hinds). — *Long.
3 mill.; diam.* 1 2/3 *mill.*

Hab. Port-Lincoln (Hinds), Golfe de Spencer (Angas),
Australie; Nouvelle-Calédonie (R. P. Lambert).

Obs. M. Hinds n'ayant pas fait figurer cette espèce et
n'en ayant donné qu'une description très-succincte,
M. Crosse l'a décrite de nouveau et l'a fait figurer.

14. RINGICULA DENTICULATA, Gould.

R. denticulata, Gould, Otia, p. 121, 1871.
— Angas, Proceed. Zool. Soc. London,
p. 98, n° 86, 1871.

*Testa ovata, acuminata, solida, lactea, striis confertis
transversim (exilioribus interdum intervenientibus) ins-
culpta; anfractibus 5 ventricosis; apertura angusta, labro
admodum incrassato, intus denticulato, fere ad sinum siphonalem interrupto, plicis acutis, transversis, callo modico, haud appresso, dente parietali modico* (Gould). —
Long. 5 mill.; diam. 3,5 mill.

Hab. Port-Jackson, Australie (Angas).

Obs. Cette espèce est caractérisée par ses nombreuses stries et par l'exiguïté de la callosité, qui passe au-dessus de l'échancrure siphonale.

15. RINGICULA FOSSULATA, de Folin (pl. V, fig. 11).

R. fossulata, de Folin. Les fonds de la mer, vol. I, partie II, p. 251, pl. XXXI, fig. 9, 1867-1871.

Testa ovato-globosa, apice acuminata, alba, nitida; anfractus 5, valde rapide accrescentes, læves, ultimi minutissime spiraliter sulcati, ultimus maximus, 4/5 testæ æquans; apertura paulum elongata, dentibus majusculis sinuata; margo dexter valde incrassatus, superne fossulatus (margines fossulæ super dentem satis prominentem conjuncti, postea costulam unicam simulantes, quæ ad basin canalem parvum, rotundatum cingit et super dentem sinistrum inferiorem porrectum intus penetrat; margo sinister super basin in reflexione lata et crassa valde expansus, dentibus tribus ornatus, dens superior tricostulatus (de Folin). — *Long.* 3,6 *mill.; diam.* 1,8 *mill.*

Hab. Port de Nouméa, Nouvelle-Calédonie (de Folin).

16. RINGICULA DOLIARIS, Gould.

R. doliaris, Gould, Proc. Boston Soc., v. VII, p. 324, 1860.
— Gould, Otia, p. 121, 1862.

Testa majuscula, tenuis, ventricosa, ovata, albida; spira acuminata; anfractibus 4 rotundatis, sulcis transversis, remotis, insculptis, ultimo amplo; sutura profunda, apertura magna, labio angusto, haud incrassato, plicis columellæ tenuibus, acutis, plica parietali parva, tenui, callo siphonali modico (Gould). — *Long.* 5 *mill.; diam.* 3 *mill.*

Hab. Hakodadi (Gould).

17. RINGICULA NITIDA, Verrill.

R. nitida, Verrill, Amer. Journ. of Sciences (3° série),
vol. V, p. 6, 16, 1873.
— Tryon, Amer. Journ. of Sciences, Amer. marine Conchology, p. 100, 1873.

Coquille petite, blanche, lisse, ovale-élargie, avec 5 tours à spire régulièrement conique, sabarquée, croissant régulièrement, et plus courte que l'ouverture ; tours de spire très-convexes, arrondis, séparés par des sutures très-prononcées ; une ligne infra-suturale, bien distincte, se voit à leur partie supérieure ; la surface des tours est presque lisse, mais on peut y distinguer quelques stries spirales microscopiques, plus évidentes en avant ; ouverture un peu en forme de croissant ; lèvre externe uniformément arquée, formant un segment de cercle, son bord, régulièrement épaissi, se retirant un peu en arrière, près de la suture ; callosité étroite, presque unie, mais un peu bombée au milieu et légèrement saillante ; columelle forte, recourbée à son extrémité avec des plis spiraux très-prononcés et égaux ; le pli antérieur projeté au-dessus du canal, avec son extrémité arrondie (Verrill). — Long. 4, 5 mill.; diam. 3,1 mill.

Hab. Sur les côtes de la Nouvelle-Angleterre (Etats-Unis), où deux spécimens ont été dragués, dans un fond de vase, par 110 et 150 brasses de profondeur (Verrill).

18. RINGICULA SEMISTRIATA, d'Orbigny.

R. semistriata, d'Orbigny, Hist. de l'île de Cuba (Ramon de la Sagra), Mollusques, vol. II, p. 103, pl. xxi, fig. 17, 19, 1853.

*Testa ovato-conica, crassa, albida, postice lævigata,
antice transversim striata; spira conica, acuta; sutura
impressa; apertura oblonga; columella incrassata, biplicata, callo repando, postice instructa, labro crassissimo,
in medio subtuberculato* (d'Orbigny). — *Long.* 2 *mill.;
diam.* 1 *mill.*

Hab. Jamaïque (D'Orbigny.)

Obs. Cette espèce se rapproche beaucoup du R. marginata par sa forte callosité, mais elle s'en distingue par
sa surface striée seulement en avant, caractère qui la fait
différer des espèces décrites, qui, toutes, sont entièrement
striées (d'Orbigny).

19. RINGICULA SUTURALIS, Smith.

R. suturalis, Smith, Proceed. Scient. meet. Zool. Soc.
London, p. 733, pl. LXXV, fig. 12, 1871.

*Testa ovata, alba, polita; spira acuminata; sutura
chorda callosa cincta; anfractibus* 5, *convexis, spiraliter
sulcatis, in anfractu ult. sulci* 10 *; apertura piriformis;
columella callosa, triplicata; labrum extra valide incrassatum* (Smith). — *Long.* 2 3/4 *mill.*

Hab. Whydah (côte O. d'Afrique).

Obs. Petite espèce très-striée, appartenant au groupe
des Ringicula propinquans et Someri, mais beaucoup
plus petite, et se distinguant facilement par le nombre et
la position des dents, ainsi que par le cordon de la suture.

20. RINGICULA SOMERI, de Folin (pl. V, fig. 12).

R. Someri, de Folin. Les fonds de la mer, vol. 1, partie I,
p. 14, pl. I, fig. 7, 1867-1871.

Testa parvula, ovato-globosa, crassa, solida, candida,

transversim minute et regulariter sulcata; anfractibus 6-7, subcarinatis, prioribus rapide crescentibus, ultimo permagno, globoso, 7-10 testæ æquante; sutura simplici; apertura elongata, obliqua; marginibus valde incrassatis, dentatis, dextro latissimo, sinistro inflato, late reflexo, dentibus majoribus (de Folin). — *Long. 4 mill.; diam., 2,6 mill.*

Hab. Rade de Saint-Vincent, Cap-Vert (de Folin).

21. **Ringicula Moritzi**, de Folin (pl. V, fig. 13).

R. Moritzi, de Folin. Les fonds de la mer, vol. I, partie ii,
     p. 212, pl. xxvi (non xxviii), fig. 10 (non 14),
     1867-1871.

Testa ovato-globosa, subvitrea, aliquando magis crassa et candida, spiraliter et regulariter sulcata; sulci minuti, sæpe evanidi; anfractus 4, rapide crescentes, ultimus permagnus, globosus, dimidiam partem testæ æquans; sutura simplex; apertura semilunaris; margo sinister incrassatus, canali rotundato terminatus, dexter super basin valde reflexus, inflatus, dentatus; dentes 3; superne margines canali satis profundo juncti (de Folin).—*Long. 2 1/2 mill.; diam., 1 1/2 mill.*

Hab. Cagnabac, côte O. d'Afrique (de Folin).

Obs. Cette espèce, qui se rapproche beaucoup du R. Someri, s'en distingue par sa taille plus petite, par ses tours de spire moins nombreux, et par le canal qui sépare, à la base, les deux bords de l'ouverture, canal bien plus large et moins arrondi que dans l'autre espèce. Il y a aussi quelques différences dans la réflexion du bord droit et dans la dentition. Le bord gauche, lui-même, est beaucoup moins épaissi; enfin, le canal supérieur n'est pas non plus tout à fait le même.

22. RINGICULA AURICULATA, Ménard (pl. V, fig. 14).

Marginella auriculata, Ménard, Ann. du Mus., vol. XVII,
p. 551, 1811.

— Philippi, Enum. Moll. Siciliæ,
vol. I, p. 251, 1856.

R. auriculata, Philippi, loc. cit., vol. II, p. 198,
pl. xxviii, fig. 15, 15ᵃ, 1844.

— Mac-Andrew, Geograph. distrib. of Testa-
ceous Mollusca in the North Atlantic
and neighbouring seas, p. 17, 22,
26, 41, 45, 47, 1854.

— E. Forbes, Mollusca and Radiata of the
Ægean sea, p. 141, 1844.

— C. Weinkauff, Catalogue des coquilles marines, recueillies sur les côtes de
l'Algérie, p. 567, 1862.

— G. Hidalgo, Catalogue des Mollusques tes-
tacés marins des côtes de l'Espagne
et des îles Baléares, p. 109, 1867.

— Monterosato, Nuova Rivista delle Conch.
Medit., p. 45, n° 760, 1875.

*Testa minuta, ovata, inflata, alba, lævigata; spira bre-
vi, acuta; basi emarginata; columella triplicata, plicis
acutis; labio expanso, adnato; labro marginato, calloso
(Ménard). — Long. 5, 1 mill.; diam., 4 mill.*

Hab. Océan : Nord de l'Espagne (Fischer), Asturies
Coruña, Vigo, Cadix et Trafalgar (Mac-Andrew). Méditerranée : Mahon, Conejera, Carthagène, Malaga et Gibral-
tar, Malte ; assez abondant, vit à une profondeur de 20 à
40 brasses (Mac-Andrew, Hidalgo) ; Alger, très-commun
dans le port, ou en dehors, près de l'entrée, dragué à une

profondeur de 10 à 20 brasses (C. Weinkauff); Tarente
(Monterosato).

Obs. Cette espèce, qui est **très-voisine du R. buccinea,
s'en distingue par sa forme moins globuleuse, sa spire
plus longue, sa callosité moins forte et sa surface garnie
de stries régulières.**

**Nous n'avons pas cité, dans la synonymie, le nom de
Voluta buccinata, Renier, parce qu'il est impossible de
savoir à quelle espèce il doit s'appliquer, faute de description et de figure.**

23. RINGICULA CONFORMIS, Monterosato (pl. V, fig. 15).

R. auriculata, Ménard, var. conformis, Monterosato,
  Nuova Rivista delle Conch. Mediterranee, p. 45, 1875.
R. conformis, Monterosato, Journ. de Conchyl., vol. XXV,
  p. 44, pl. XI, fig. 4, 1877.

La forme et la disposition des dents sont différentes de
celles du R. auriculata; l'ouverture est plus grimaçante,
et, en outre, le test n'est pas strié superficiellement. Dans
quelques localités, cette espèce présente, sur les premiers
tours, une apparence de plis verticaux (Monterosato). —
Long. 4 mill.; diam., 3, 4 mill.

Hab. Méditerranée, mais à une plus grande profondeur que le R. auriculata (Monterosato). L'espèce existe
aussi dans l'Atlantique : cap Breton (de Folin).

Obs. Cette forme, considérée d'abord comme une
simple variété de l'auriculata, a été élevée récemment au
rang d'espèce par l'auteur.

24. RINGICULA LEPTOCHILA, Brugnone (emend.) (pl. V, fig. 17).

R. leptocheila, Brugnone, Miscellanea malacologica,
        p. 11, pl. i, fig. 17.
   —   Monterosato, Nuova Rivista delle Conch.
         Mediterranee, p. 45, n° 761,
         1875.
   —   Monterosato, Poche Note sulla Conchylio-
         logia Mediterranea, p. 14, n° 120,
         1875.

R. ventricosa, Jeffreys (non Sowerby).

*Testa ovato-acuminata, ventricosa, tenui, nitidula, sub-
tilissime transversim striato-punctata; spira parum exserta; anfractibus 5, convexis; apertura magna, subangulata; columella contorta, plicata; plicis 1-2, acutis; labro
tenuiter marginato, intus lævi, labio exilissimo, adnato*
(Brugnone). — *Long.* 5 *mill.; diam.,* 4 *mill.*

Hab. Méditerranée, dans les grandes profondeurs
(Monterosato). Atlantique et Nord de l'Atlantique (Jeffreys); Cadix, baie de Bilbao, par 14 brasses de profondeur, et fosse du Cap-Breton (de Folin).

25. Ringicula buccinea, Brocchi (pl. V, fig. 16).

Voluta buccinea, Brocchi, Conch. foss. subap., vol. II,
        p. 645, pl. iv, fig. 9, 1814.
Auricula buccinea, Sowerby, Min. Conch., vol. V, p. 100,
        pl. ccccLxv, fig. 2, 1825.
   —   Deshayes, Encycl. méth. Hist. nat. des
         Vers, vol. II, p. 95, 1850.
R. buccinea, Deshayes, Hist. nat. des an. s. vert. (Lam.),
        2° édit., vol. VIII, p. 544, 1858.
   —   Forbes, Mollusca and Radiata of the Ægean
   —   sea, p. 157-159, 1844.

R. buccinea, **Fischer, Faune Conch. marine du dép. de
la Gironde et des côtes du S. O. de la
France, p. 211 (2ᵉ supp.), 1874.**

*Testa minuta, subovata, inflata, lævigata; spira brevis,
acuta; columella triplicata, plicis acutis, labro expanso,
adnato, labio marginato, in medio inflato, non exarato*
(Brocchi). — *Long. 4, 8 mill.; diam., 4 mill.*

Hab. Côtes de la Gironde et des Landes, Cap-Breton,
de 25 à 180 brasses (Fischer et de Folin); Asturies, au
large de Gijon, par 18 brasses de profondeur (de Folin);
Méditerranée (Forbes).

Obs. Cette espèce, bien voisine du R. auriculata, en
diffère par sa coquille plus globuleuse, sa spire plus courte,
sa callosité plus développée et sa surface toujours lisse et
brillante.

B. Liste des espèces fossiles.

1. RINGICULA DESHAYESI, Guéranger,

R. Deshayesi, Guéranger, Essai Répert. Paléont. sur la
faune de la Sarthe, p. 50, 1853.

Spire aiguë, composée de 5 tours et ne portant aucun
ornement visible à la loupe. Bouche entourée d'un fort
bourrelet, extérieurement très-saillant, et garni de stries
d'accroissement. Le bord columellaire est garni de deux
plis, l'intérieur beaucoup moins accusé, placé obliquement sur le bord du canal (Guéranger). — Long. 7 mill.;
diam., 4 mill. (mesure prise sur les dessins envoyés par
M. Guéranger).

Loc. Terrain crétacé. Le Mans, carrière des Perrais.

2. Ringicula Verneuili, d'Archiac.

R. Verneuili, d'Archiac, Bull., Soc. Géol. de France,
2ᵉ sér., Desc. de quelques foss. nouveaux ou impar-
faitement connus des env. des Bains de Rennes, vol.
XI, p. 218, pl. IV, fig. 3 *a, b.* 1854.

Coquille ovalaire, pointue au sommet, composée de
5 tours, le dernier très-renflé, formant à lui seul les
2/3 de la hauteur totale ; suture sub-canaliculée ; surface
couverte de stries décurrentes, régulières, plus rappro-
chées, vers le sommet et la base du dernier tour, qu'au
milieu. Bord droit arqué, muni d'un bourrelet fort
épais, qui, partant de la suture, se prolonge jusqu'à la
base de l'ouverture, marqué au dehors de stries d'accroissement, lisse à sa partie antérieure et crénelé à son bord
interne. Ouverture très-étroite vers le haut, élargie à sa
partie moyenne, rétrécie de nouveau par un pli de la columelle, et se terminant par un canal très-court, peu profond, coupé obliquement en arrière. Bord gauche revêtu
d'une épaisse callosité, depuis sa jonction avec le bord
droit, et muni, vers le bas, de deux plis très-prononcés,
dont le second borde le canal et recouvre l'extrémité du
bourrelet du bord droit (d'Archiac). — Long. 6 mill.,
diam., 4 mill.

Loc. Terrain crétacé. Moulin Tisan (Aube).

Obs. Cette espèce, qu'il serait bien difficile de confondre avec le R. ringens, Desh. (Aur. ringens, Lam.,
Desh., vol. II, pl. viii, fig. 16-17), n'en diffère, en réalité,
que par les stries de la surface moins nombreuses, moins
serrées et moins régulièrement espacées, par les créne-
lures internes du bord droit moins fines, par le canal de

la base moins profond, et faisant ainsi une sorte de passage au genre Ringinella, si toutefois ce dernier peut être conservé. C'est, d'ailleurs, avec la précédente, la première espèce signalée dans la formation crétacée (Assises du grès vert, n. 5) (d'Archiac).

3. Ringicula minor, Deshayes (pl. VI, fig. 4).

R. minor Deshayes, An., s. ver. du bassin de Paris, vol. II, p. 612, pl. xl, fig. 7-9, 1862.

Testa ovata, globosa, spira exsertiuscula, conica, apice acuta ; anfractibus quinis vel senis primis nitentibus, angustis, cæteris gradatim latioribus, convexiusculis, sutura subcanaliculata, marginata distinctis, transversim profunde et regulariter striatis ; ultimo inflato, globuloso, spiram superante ; apertura elongato-angusta, labro in medio inflato, tenue crenulato, ad basin testam superante ; columella breviuscula, inæqualiter triplicata (Deshayes). — Long., 4 mill.; diam., 3 mill.

Loc. Eocène inférieur. Mercin, Hérouval, Louersines, Laon, Vrégny, Cœuvres, Retheuil, Cuise-Lamothe. Assez rare (Deshayes).

4. Ringicula Bezançoni, L. Morlet (pl. VI. fig. 5).

Testa ovata, crassa, gibbosa, tenuissime et regulariter striata ; anfractus 4 1/2 convexiusculi, sutura simplici discreti ; anfractus ultimus valde gibbosus, 3/4 longitudinis attingens, basi rotundatus ; apertura lata ; marginibus callo tenui junctis, callo penultimum anfractum superante ; columella callo crasso, superne valde dilatato munita, triplicata ; plicis lamelliformibus obliquis, ad centrum convergentibus ; labro alto et medio crasso, subden-

ticulato, exlus prominente. — Long., 3,2 mill.; diam., *2,4 mill.*

Coquille ovale, épaisse, gibbeuse, striée très-finement et régulièrement. Les tours, au nombre de 5 1/2, sont légèrement convexes et séparés par une suture simple, le dernier tour, très-gibbeux, formant les 3/4 de la coquille, est arrondi à sa base ; l'ouverture est large ; les bords sont réunis par un dépôt calleux, qui remonte au delà de l'avant-dernier tour ; le bord columellaire, couvert d'une callosité très-forte, très-dilaté dans sa partie supérieure, est muni de 3 plis lamelliformes, obliques et se dirigeant vers le centre ; le bord droit est assez épais, surtout vers le milieu, garni d'un léger bourrelet dentelé à l'intérieur et saillant à l'extérieur. (Collection de M. le docteur Bezançon, et la mienne.)

Loc. Eocène moyen. Marines (Sables de Beauchamp).

Obs. Cette espèce a quelques rapports avec le R. ringens, mais elle en diffère par la longueur ; ce dernier est plus long et moins ventru ; la callosité est bien moins forte que dans notre espèce, et l'ouverture est moins large.

5. RINGICULA COARCTATA, Koenen.

R. coarctata, Koenen, Die Fauna der unter-oligocänen Tertiärschichten von Helmstadt bei Braunschweig, p. 515, pl. xvi, fig. 6, 1865.

On possède, provenant d'Helmstadt, un certain nombre d'échantillons bien conservés d'une Ringicule remarquable par son ouverture très-étroite. La spire se compose d'un tour embryonnaire, court et lisse, de 4 autres tours arrondis et comprimés, et d'un dernier tour. Les tours du milieu portent d'abord 3, puis 4 ou 5 lignes peu profondes ; sur le dernier tour, il s'en trouve, comme d'ordinaire, 12 et plus, et parfois celles du milieu sont les plus espacées. Le bord externe est fortement épaissi intérieurement et extérieurement ; il est semblable à celui du R. striata, Phil., allongé en forme d'aile, à sa partie inférieure, et porte, en dedans, une protubérance allongée, épaisse, en forme de dent, qui se rétrécit brusquement en arrière, comme dans le R. auriculata ; toutefois, elle devient plus faible près de la suture, où elle se continue ; elle détermine là une callosité étroite qui remonte assez haut, comme on le remarque dans plusieurs Rostellaires.

Le bord columellaire s'élargit sur la coquille aussi loin que dans le R. auriculata et porte, sur le bord peu courbé, et vers la partie supérieure, une dent presque horizontale ; près de cette dent, et la couvrant en partie, se présente une protubérance qui se prolonge presque parallèlement (Trad.). — Long., 5 mill. ; diam., 2 mill. (mesure prise sur le dessin de Koenen).

Loc. Eocène moyen, Helmstadt.

6. Ringicula nana, L. Morlet. (Pl. VI, fig. 5).

Testa minutissima, ovata, tenuis, regulariter striata ; spira brevis ; anfractus 5 convexiusculi, sensim crescentes, sutura simplici discreti ; anfractus ultimus globosus, dilatatus, 2/3 testæ attingens ; apertura obliqua, lata ; margine columellari arcuato, basi bidentato ; callo inferne valde incrassato ; labro cum columella arcuatim juncto, medio dilatato, extus prominente. — Long. 2 mill. ; diam., 1,2 mill.

Coquille très-petite, ovale, mince, régulièrement striée ; spire courte, composée de 5 tours légèrement convexes, augmentant graduellement ; suture simple ; dernier tour globuleux, dilaté, arrondi et formant les 2/3 de la coquille ; ouverture oblique et assez large ; le bord columellaire est très-arrondi, garni, à sa base, de deux dents, la callosité très-forte dans la partie inférieure ; le bord droit rejoignant la coquille par une courbe faible aux deux extrémités, très-dilaté au milieu et saillant au dehors. (Ma collection).

Loc. Eoc. moyen. Marnes d'Ossun (Hautes-Pyrénées).

7. RINGICULA RINGENS, Lamarck (pl. VI, fig. 2).

Auricula ringens, Lamarck, An. du Mus., vol. IV, p. 435,
        n° 5, et vol. VIII, p. 545, pl.
        LX, fig. 11, *a, b,* Deshayes,
        1824.
  —   Deshayes, Lam., vol. II, p. 72, n° 10,
        pl. VIII, fig. 16, 17, 1824.
  —   Deshayes, Encycl. méth. vers., vol. II,
        p. 94, n° 19, 1830.
Ringicula ringens, Deshayes, Lam., 2° édit., vol. VIII,
        p. 541, n° 5, 1858.
  —   d'Orbigny, Prod., vol. III, p. 544,
        n° 107, 1852.
  —   Deshayes, Traité élémentaire conchyliologique, expl. des pl., p. 48, pl.
        LXXVII, fig. 7, 8, 9, 1853.
  —   Pictet, Traité de Paléontologie, vol.
        III, p. 100, pl. LX, fig. 8, 1855.
  —   Deshayes, An. s. vert. du bassin de
        Paris, vol. II, p. 611, pl. VIII,
        fig. 16, 17, 1862.

Testa ovato-acuta, turgidula, transversim striata ; aper-

tura marginibus calloso-marginatis ; columella subtriplicata (Deshayes). — *Long.* 5 *mill.; diam.* 3 *mill.*

Loc. Eocène moyen. Grignon, Mouchy, Damery, Montmirail, Chaumont, Fontenay-Saint-Père, les Gaules, Vaudancourt, Chaussy, Chambord, Hermenonville, Boursault, Auvers, Valmondois, Sérons, le Fayel, Chery-Chartreuve, Ver, le Guespelle, Beauval, Valognes, Hauteville ? (Manche).

8. Ringicula Vasca, Tournouër. (Pl. VI, fig. 4).

R. Vasca, Tournoüer, Sur quelques affleurements des
— marnes nummulitiques de Bos-d'Arros, p. 9, 1865.
— Tournouër, Congrès scientifique de France, 59e session, à Pau, p. 5, pl. vi, fig. 14-14 a, 1873.
— Bouillé, Paléontologie de Biarritz et de quelques autres localités du bassin pyrénéen, p. 40, pl. vi, fig. 14, 14 a, 1873.

Diffère du R. ringens, par sa forme plus globuleuse, sa spire moins élancée, ses sillons beaucoup plus marqués et surtout par sa callosité columellaire canaliculée. (Tournouër). — Long. 4 mill. ; diam. 5 mill.

Loc. Eocène moyen. Peyrehorade (Basses-Pyrénées).

9. Ringicula gracilis, Sandberger, Mss. (Pl. VIII, fig. 4).

Testa parva, ovato-elongata, tenuis, transversim et regulariter striata; spira elongata; anfractus 6, fere planulati, sutura simplici discreti ; anfractus ultimus dimidium testæ paulo superans, basi rotundatus ; apertura

angusta, marginibus callo tenui junctis; callo basin penul-
timi anfractus attingente; columella arcuata, plicis sub-
æqualibus instructa; labro fere rectilineo, medio incrassato
et denticulis 5 munito. — Long. 4 mill.; diam. 2,5 mill.

Coquille petite, ovale-allongée, mince, finement et
régulièrement striée en travers ; spire allongée, composée
de 6 tours presque plans, séparés par une suture simple,
le dernier formant à lui seul un peu plus de la moitié de
la coquille, arrondi à la base ; ouverture étroite ; bords
réunis par un dépôt calleux, assez faible, s'arrêtant à la
base de l'avant-dernier tour ; bord columellaire légèrement arqué, garni de 5 plis presqu'égaux ; labre presque
droit, un peu épaissi au milieu et garni de 5 petits
plis.

Loc. Miocène inférieur. Westeregeln.

Obs. Cette espèce se distingue des R. ringens et Crossei, par sa taille plus petite, par sa forme plus allongée et
par le petit nombre de plis qui ornent son labre.

10. RINGICULA MINUTISSIMA, Deshayes (pl. VI, fig. 7).

R. minutissima, Deshayes, An. s. vert. du bassin de Paris, vol. II, p. 612, pl. xL, fig. 10-12, 1862.

Testa minutissima, ovato-globosa; spira brevi, obtusius-
cula; anfractibus quinis, convexis, angustis, lente crescen-
tibus, sutura angusta, contabulata distinctis, transversim
minutissime striatis, ultimo anfractu globuloso, spiram
paulo superante, antice obtuso; apertura angusta, labro
crasso, in medio inflato, lævigato, antice columellam paulo
superante; columella triplicata, plica antica magna, lamel-
losa, prominente (Deshayes). — Long. 2 mill.; diam.
1 1/2 mill.

Loc. Miocène inférieur. Jeurres, Etrechy, Morigny, Versailles.

11. Ringicula Semperi, Koch.

R. Semperi, Koch, Meckl. Archiv. Band, XV, p. 202, 1866.
— Koenen, Das Mar. mitt.-olig. Norddeutsch. Moll. Fauna, p. 71, 1867.

« M. Koch m'a envoyé son unique exemplaire pour l'examiner et m'assurer s'il était complétement adulte, attendu que les deux ailes d'expansion ne sont pas épaissies. Je considère comme très-possible, que nous ne possédions qu'un jeune exemplaire de Ringicula acuta, Phil., attendu qu'il lui ressemble beaucoup.» (Von Koenen.)

Loc. Oligocène moyen (Eocène moyen), du Nord de l'Allemagne.

Obs. D'après les observations de Koenen, l'absence de diagnose et d'échantillons authentiques, nous proposons de placer cette espèce parmi les formes douteuses.

12. Ringicula striata, Philippi. (Pl. VIII, fig. 10).

R. striata, Philippi, Beiträge zur Kenntniss der Tertiær-versteinerungen des Nordwestlichen Deutschlands, p. 28, 61, 76, pl. iv, fig. 23, 1843.
— Beyrich, Die Conchylien des Norddeutschen Tertiærgebirges, p. 55, pl. ii, fig. 12, *a*, *b*, *c*, 1853.
— Speyer, Die Conchylien der Casseler Tertiærbildungen, p. 17, pl. i, fig. 17, *a*, *b*, *c*, *d*, 1862.

Coquille petite, ovale, légèrement ventrue, mince, finement et régulièrement striée en travers ; spire assez longue, composée de 5 tours légèrement convexes, séparés par une suture simple, le dernier tour formant, à lui seul, plus de la moitié de la coquille, un peu obtus à la base ; bords réunis par un léger dépôt calleux ; bord columellaire très-mince, à partir du pli supérieur, presque droit, garni de 5 plis, dont le supérieur est empâté dans la callosité qui cesse tout-à-coup, ce qui lui donne la forme d'une protubérance, les deux autres plis épais et inclinés vers le sommet, surtout l'inférieur ; labre presque droit, légèrement épaissi vers le milieu, rejoignant la coquille au milieu de l'avant-dernier tour, bord lisse à l'intérieur et peu saillant à l'extérieur. — Long. 5 1/2 mill. ; diam. 2,2 mill.

Loc. Miocène inférieur. Kaufungen , Apollo-Berg , Fleden, Wilhemshöhe, Stemberg (Mecklembourg).

Obs. La diagnose de Philippi étant insuffisante, nous avons cru devoir en faire une nouvelle.

Outre sa forme générale, cette coquille présente un caractère distinctif bien marqué. Sa callosité s'arrête à la hauteur du pli supérieur.

Il y a une différence très-sensible dans la taille des échantillons de Kaufungen et de ceux de Stemberg : ces derniers sont plus petits.

15. RINGICULA SUBVENTRICOSA, d'Orbigny.

R. ventricosa, Grateloup, Conch. foss. du bassin de l'Adour. Auricule, pl. i, n° 11, fig. 10, 1840.

R. subventricosa, d'Orbigny, Prod., vol. III, p. 6, n° 75, 1852.

— — Pictet, Traité de Paléontologie, vol. III, p. 101, pl. lx, fig. 10, 1855.

R. subventricosa, Speyer, Uber Tertiær Conchylien von
Westeregeln in Magdeburg, vol. IX,
p. 110, 1862, 1864.

*Testa ovato-ventricosa, lucente, fragili, transverse sub-
striata ; columella biplicata* (Grateloup).*— Long. 7 mill,;
diam. 4.*

Loc. Miocène inférieur. Gaas.

14. RINGICULA BOURGEOISI, L. Morlet (pl. VIII, fig. 5).

*Testa ovato-elongata, crassa, subgibbosa, lævigata ; an-
fractus 5 convexi, sutura simplici discreti, anfractus ultimus fere dimidium testæ æquans, basi rotundatus ; apertura angusta, marginibus callo junctis, margine columellari arcuato, incrassato, triplicato ; plica superna tenui,
reliquis 2 crassis, parallelis ; labro fere dextro, crasso
præcipue ad medium, extus parum reflexo et medium
anfractus penultimi attingente. — Long. 5,8 mill.; diam.
3,2 mill.*

Coquille ovale-allongée, épaisse, légèrement gibbeuse,
lisse ; les tours, au nombre de 5, sont convexes et séparés
par une suture simple, le dernier formant, à lui seul, près
de la moitié de la coquille, arrondi à sa base ; l'ouverture
est étroite ; les bords sont réunis par un dépôt calleux,
le bord columellaire est légèrement arqué, couvert d'une
callosité épaisse, surtout à la partie inférieure, muni de
3 plis, le supérieur très-faible, les deux autres très-épais
et parallèles entre eux ; le labre est presque droit, très-
épais, principalement au milieu, légèrement renversé en
dehors et se prolonge jusqu'au milieu de l'avant-dernier
tour.

Obs. Il existe deux variétés, l'une remarquable (pl. viii, fig. 5 *a*) par sa spire très-pointue et ses tours très-globuleux et comme enclavés l'un dans l'autre ; les 2 et 5 premiers tours sont finement striés ; le dessous du dernier tour légèrement aplati.—Long. 4, 9 mill.; diam. 2, 9 mill.

L'autre variété, qui est plus courte et plus globuleuse que la précédente, est complétement lisse, et les tours de spire sont légèrement canaliculés.

Loc. Miocène moyen. Pontlevoy, Paulmy et Ferrières l'Arçon, Manthelan et Mandillot.

15. **Ringicula Bonellii**, Deshayes (pl. VI, fig. 15).

Auricula punctilabris, Bonelli, Mus. zool. Torino, n° 567,
      pl. v, fig. 12.
Pedipes punctilabrum, Michelotti, Rivista dei Gasteropodi,
      p. 6.
Ringicula Bonellii, Deshayes, Lam., 2° édit., vol. VIII,
      p. 544, n° 546, 1838.
—   — Michelotti, Desc. des foss. du tert.
      miocène de l'Italie septentrionale,
      p. 152, pl. v, fig. 11, 12, 1847.
— punctilabrum, Sismonda, Syn. méth., p. 52,
      1847.
— Bonellii, Deshayes, Traité élémentaire Conch.,
      expl. des pl., p. 48, pl. lxxvii, fig. 4,
      6, 1850.
—   — d'Orbigny, Prod., vol. III, p. 27,
      n° 546, 1852.
—   — G. Cocconi, Enumerazione sistematica
      dei Molluschi Miocenici e Plioce-
      nici delle provincie di Parmo e
      di Piacenza, p. 154, 1873.

Testa ovato-abbreviata, turgidula, eleganter striata, striis tenuibus, numerosissimis, angulis lateralibus imbricatis; columella triplicata ; labro dextro incrassato, valde marginato (Bonelli). — *Long.* 10 *mill.; diam.* 8 *mill.*

Loc. Miocène moyen. Turin, Superga, Termo-Fourà, Baldissero. — Mioc. supérieur. Vence (Alpes-Maritimes, Tournouër). La variété se trouve à Peyrehorade, dans le Miocène moyen.

Obs. C'est la plus grande des espèces que nous connaissions : elle est ovale, globuleuse, à spire très-courte. Deux caractères la distinguent essentiellement : la surface extérieure est finement striée, et les stries sont en zig-zag très-fin et régulier; les deux bords de l'ouverture sont chagrinés d'une manière particulière par des points enfoncés, qui laissent en relief les petits intervalles qui les séparent (Bonelli).

Il existe une variété dont la bouche est un peu plus ouverte et le labre non granuleux (Collection Tournouër).

16. RINGICULA COSTATA, Eichwald (pl. VI, fig. 12.)

Marginella costata, Eichwald, Naturhist. Skizze, von Lithauen, Volhynien, u. s. w., p. **221, 1850.**
— cancellata, Dubois, Conch. foss. du plat. Volhynien Podol. vol. I, p. **24**, pl. ı, fig. **17-18, 1831.**
Ringicula costata, d'Orbigny, Prod., vol. III, p. 37, n° **545, 1852.**
— — Eichwald, Lethaea Rossica ou Paléontologie de la Russie, vol. III, p. **259,** pl. x, fig. **44,** *a, b, c,* **1855.**
— — Hörnes, Abhandl. der Kaiserl. König. geo-

log. Reichsanstalt, vol. I, p. 88, pl. IX,
fig. 5, *a, b, c, d,* 1856.

Ringicula costata, Pictet. Traité de Paléontologie, vol. III,
p. 101, 1855.

*Testa minutissima, elongato-ovata, in ultimo anfractu
ventricosa, costata, striis transversis ornata; columella
triplicata, labro marginata, in medio inflata, non exarata*
(Eichwald). — *Long.* 2 *mill.; diam.* 1 1/2 *mill.*

Loc. Miocène moyen. Szuskowce (Volhynie). Bilka.

17. RINGICULA ELONGATA, L. Morlet (pl. VII, fig. 2).

*Testa elongata, tenuis, regulariter striata; anfractus
5 1/2, parum convexi, sutura vix impressa discreti; anfractus ultimus dimidium testæ superans, basi attenuatus;
apertura angusta; marginibus callo junctis; margine columellari parum arcuato, triplicato; plica superna debili,
valde obliqua; plicis infernis validis; labro vix arcuato,
intus parum incrassato, ad basin angulato.* — *Long.* 8
mill.; diam. 4 *mill.*

Coquille allongée, mince, régulièrement striée; les
tours, au nombre de 5 1/2, sont peu convexes, séparés
par une suture peu sensible, le dernier formant plus de
la moitié de la coquille, atténué à sa base. L'ouverture
est à peine dilatée; les bords sont réunis par un dépôt
calleux; le bord columellaire est légèrement arqué, il est
garni, à sa partie supérieure, d'un pli faible, très-oblique,
et, à sa base, de deux plis très-forts; le bord droit est à
peine cintré, muni d'un léger bourrelet en dedans, saillant en dehors, et forme presqu'un angle, à sa base, avec
le bord columellaire. (Collection de l'École des Mines.)

Loc. Miocène moyen. Dax. — Miocène supérieur. Cacella près Lisbonne.

Obs. Cette espèce ne pourrait se confondre qu'avec le R. Tournoueri, mais elle s'en distingue facilement, par sa longueur, par la forme de sa bouche, qui est moins ouverte que dans le R. Tournoueri, et par sa callosité, qui est plus faible et moins étendue que dans cette dernière.

18. Ringicula lævigata, Eichwald.

Marginella lævigata, Eichwald, Naturhist. Skizze, *l. c.*,
      p. 121.
—   eburnea, Lamarck, Pusch., 1 C.
Ringicula lævigata, Eichwald, Palaeontologica Rossica,
      vol. III, p. 259, pl. x, fig. 45, *a*, *b*, *c*, 1853.

Testa elongata, rufa, lævissima, ultimo anfractu subventricosa, spira maxime prominula (Eichwald). — *Long. 4 mill.; diam. 3 mill. (ex icone).*

Loc. Près de Zuskowce, de Zalisce, de Tarnaruda, de Kremenelz et à Korytnice, en Pologne.

Obs. M. Bronn a réuni cette coquille, mais à tort, je crois, avec le R. buccinea, comme petite variété. Sa forme est allongée, en forme de cône pointu, tandis que le R. buccinea est globuleux ; ses tours sont un peu convexes et s'accroissent insensiblement, ils font une petite saillie en dessus du dernier tour ; sa couleur est d'un brun roux uni, tandis que le R. buccinea est d'un brun clair. (Eichwald).

19. Ringicula Paulucciae, L. Morlet (pl. VI, fig. 6, et pl. VIII, fig. 9).

Testa ovato-elongata, tenuis, regulariter et transversim striata, striis spiralibus 10-15 in ultimo anfractu, striis longitudinalibus sub lente conspicuis, decussatis; spira elongata; anfractus 6 convexi, regulariter crescentes, sutura simplici discreti; anfractus ultimus 2/3 longitudinis æquans, basi obtusus; apertura latiuscula, marginibus callo tenui junctis, margine columellari arcuato, triplicato, plica superna callo incrassato, brevi, plicis infernis crassis, horizontalibus, labro fere recto, brevi, crasso, superne arcuato, medium anfractus penultimi attingente, superne canaliculum formante, extus incrassatum. — Long. 4,8 mill.; diam. 3 mill.

Coquille ovale-allongée, mince, finement et régulièrement striée en travers, le nombre des stries variant de 10 à 15 sur le dernier tour ; on remarque également, avec une forte loupe, de légères stries verticales, coupant les côtes formées par les stries transversales; spire assez allongée, composée de 6 tours convexes, s'accroissant graduellement, séparés par une suture simple ; le dernier tour formant, à lui seul, les 2/3 de la coquille, un peu obtus à la base; ouverture assez large, à bords réunis par un dépôt calleux généralement mince; bord columellaire arqué, garni de 3 plis, dont le supérieur, empâté dans la callosité et très-court, est incliné vers la base, les deux inférieurs épais, horizontaux et légèrement tordus ; labre presque droit, lisse, épais, formant une légère courbe à sa partie supérieure, ne dépassant pas le milieu de l'avant-dernier tour, formant, à cette jonction, une petite gouttière, légèrement saillant en dehors.

Loc. Miocène moyen. Saucats, Dax.

Obs. Cette espèce se distingue du R. Tournoueri par sa taille, en général plus petite, ses tours de spire moins globuleux, sa callosité moins étendue et moins épaisse, ses plis columellaires plus épais, et son labre moins fort.

20. Ringicula plicatula, Mayer (pl. VI, fig. 9).

Auriculina plicatula, Mayer, Journ. Conch., vol. XIX,
p. 547, pl. ix, fig. 8, 1871.

*Testa minutissima, ovato-elongata; spira elongata, acuta,
anfractibus quinis, altiusculis, parum convexis, superne
angulatis, leviter contabulatis, longitudinaliter plicatulis,
plicis tenuibus, approximatis, flexuosis, striis spiralibus
tenuissimis, inconspicuis, decussatis; ultimo anfractu spira
breviore, parum convexo, subquadrato; apertura oblonga,
fere recta; columella tenui, inæqualiter triplicata; labro
leviter incrassato* (Mayer). — *Long. 2 1/2 mill.; diam.
1 mill.*

Loc. Miocène moyen. Saucats.

21. Ringicula ventricosa, Sowerby.

Auricula ventricosa, Sowerby, Min. Conch., vol. V,
p. 99, pl. ccccLxv, fig. 1, 1825.
Ringicula ventricosa, d'Orbigny, Prod., vol. III, p. 57,
n° 543, 1852.
    —   —   Searles Wood, Crag Mollusca,
vol. I, p. 22, fig. 1, *a*, *b*,
1847, et vol. XXV, p. 99,
1872.
    —   —   Speyer, Uber Tertiær-Conchylien,
von Westeregeln, in Magde-
burgischen, vol. IX, p. 110
(Dunker-Mayer), 1862-1864.

*Subovate inflated, transversely striated, spire short
pointed, base notched; three sharp plaids upon the columella, left lip callous, a thick border upon the right lip*
(Sowerby). — *Long. 6,8 mill.; diam. 5 mill.*

Loc. Miocène moyen. Sutton, Cor. Crag et Red Crag (Angleterre). Superga ?

22. RINGICULA ACUTIOR, Mayer, ms. (pl. VII, fig. 6).

Testa ovata, elongata, tenuis, nitida, eburnea, imperforata; anfractus 6, graciles, fere planulati, sutura parum impressa discreti; priores 4 striati; ultimus dimidium testæ attingens, basi rotundatus; apertura angusta, marginibus callo junctis, columellari arcuato, tridentato, dente superno minuto, infernis 2 crassis, brevibus; margine dextro parum dilatato, crasso, superne canalem formante, et medium anfractus penultimi attingente. — Long., 5 mill.; diam., 3 mill.

Coquille ovale, allongée, mince, luisante, éburnée, imperforée, lisse, excepté les 4 premiers tours, qui sont striés ; les tours, au nombre de 6, sont élancés, presque plans, séparés par une suture peu marquée ; le dernier, formant à lui seul la moitié de la coquille, est arrondi à sa base ; l'ouverture est étroite, particulièrement à la partie supérieure ; les bords sont réunis par un dépôt calleux, le bord columellaire est fortement arqué, et garni de 3 dents, dont la supérieure, très-petite, est très-rapprochée de la jonction du bord droit, avec le columellaire ; les deux inférieures sont épaisses et courtes ; ce bord se termine par une callosité très-épaisse, le bord droit est peu dilaté, très-épais sur toute son étendue, excepté à la partie supérieure, où il forme, avec la coquille, un petit canal, et la callosité externe n'atteint qu'un peu l'avant-dernier tour (Collection du Musée de Zurich).

Loc. Miocène supérieur. Saint-Jean-de-Marsacq.

Obs. Cette espèce ne pourrait être confondue qu'avec le

R. Bourgeoisi ; mais elle s'en distingue facilement par sa forme plus allongée, par sa spire plus aiguë, par les plis du bord columellaire, plus faibles et sa callosité moins forte, ainsi que par le brillant de sa surface qui est plus clair.

23. RINGICULA BERTHAUDI, Michaud (pl. VII, fig. 4).

R. Berthaudi, Michaud, Descr. Coq. foss. Hauterive, 3ᵉ partie, p. 16, pl. III, fig. 11, 1877.

Testa ovato-ventricosa, eleganter striata; spira acuta, canaliculata; columella triplicata, plicis irregularibus, inferne bis sinuata; labro extus marginato; apertura ovata, superne angustiore (Michaud). — *Long. 5-6 mill.; diam. 4 mill.*

Loc. Miocène supérieur. Tersane (Drôme).

24. RINGICULA FISCHERI, L. Morlet (pl. VII, fig. 5).

Testa elongata, tenuis, minute striata; anfractus 6 convexi, sutura notata discreti; anfractus ultimus 5/8 longitudinis æquans; apertura lata; marginibus callo tenui junctis; margine columellari triplicato; plica superna tenuiore; labro fere rectiusculo, superne curvato et subdivergente, intus incrassato, extus prominente. — *Long. 4,8 mill.; diam. 3 mill.*

Coquille allongée, mince, striée finement ; les tours, au nombre de 6, sont convexes et séparés par une suture très-sensible, le dernier tour formant les 5/8 de la coquille ; l'ouverture est large, les bords sont réunis par un dépôt calleux assez mince ; le bord columellaire est muni de trois plis, le supérieur très-faible et les inférieurs assez forts ; le labre presque droit, s'éloignant vers le haut et formant, dans la partie supérieure, une courbe venant rejoindre la coquille, muni d'un bourrelet en dedans et saillant au dehors (Collection de l'École des Mines).

Loc. Miocène supérieur. Korod (Transylvanie).

Obs. Cette espèce se distingue du R. Africana par sa forme plus globuleuse, par ses plis columellaires plus minces et plus droits, par sa callosité plus faible et par son labre moins épais.

23. RINGICULA GIGANTULA, Doderlein (pl. VII, fig. 7).

R. gigantula, Doderlein, ms., in C. Mayer, Desc. des coq. foss. des terrains tert. sup., in Journ. Conchyl., vol. XVII, page 85, pl. III, fig. 7, 1869.

Testa ovato-globosa, crassa et solida, lævi; spira brevi, conica; anfractibus quinis, convexis, angustis, velociter increscentibus, ultimo anfractu permagno, globoso, spiram fere ter superante; apertura postice canaliculata, antice dilatata; labro crassissimo, dilatato, foliaceo, anfractu penultimo adnato; columella triplicata; plica postica distante, tenui, media majore, antica obliqua. (Mayer). — *Long. 14 1/2 mill.; diam. 10 mill.*

Loc. Miocène supérieur. Sassuolo, Stazzano. (Collection de l'École des Mines; Musées de Turin et de Zurich.)

26. RINGICULA SANDBERGERI, L. Morlet (pl. VI, fig. 8).

R. acuta, Sandberger, Die Conchylien des Mainzer Ter-tiærbeckens, p. 262, pl. XIV, fig. 11, 11 *a*, 11, 1863.

R. acuta, Speyer, Ueber Tertiær Conchylien von Westeregeln in Magdeburgischen, vol. II, p. 17-
18-288, 1862-1864.

*Testa ovato-ventricosa, spira brevi, acuta, apice obtu-
sula, mamillata; anfractus 5, initiales 1 1/2 læves, cæteri
modice convexi, suturis linearibus disjuncti, cingulis longitudinalibus permultis (24), iniquis ornati; ultimus
cæteris omnibus paulo altior, inflatus. Apertura haud valde
obliqua, labro dextro modico, media parte plica obtusa,
nodiformi exornata; columella plicis duabus, latioribus,
obliquis armata (Sandberger). — Long. 3 1/2 mill.; diam.
2 mill.*

Loc. Miocène inférieur. Gaas, Weinheim, près Alzei,
et Giemberg, près Waldbockelheim.
Miocène moyen. St-Paul-les-Dax, Mandillot, Léognan.
Miocène supérieur. Saubrigues.

Obs. Il existe déjà un R. acuta, décrit en 1849 par
Philippi pour une coquille vivante de la mer Rouge et
établi. M. Sandberger ayant ultérieurement donné le
même nom à une coquille fossile, nous sommes obligés
de changer l'appellation de l'espèce fossile, que nous proposons de nommer R. Sandbergeri.

27. Ringicula Baylei, L. Morlet (pl. VI, fig. 11).

*Testa ovata, crassa, globulosa, regulariter striata; an-
fractus 6 1/2-7, convexi, sutura simplici discreti; anfractus ultimus 3/4 longitudinis attingens, basi obtusus, superne incisus; apertura lata, marginibus callo crasso
junctis, callo penultimum anfractum superante, et canalem siphonalem incrassante; margine columellari superne
dilatato, triplicato, plica superna obliqua, fere marginata;
media et inferna tenuibus; labro medio crasso, extus pro-*

minente et superne canalem ascendentem formante. —
Long. 8 mill.; diam. 5 mill.

Coquille ovale, épaisse, globuleuse, régulièrement
striée; les tours, au nombre de 6 1,2 à 7, sont convexes,
séparés par une suture simple quoique très-prononcée, le
dernier tour, formant les 5/4 de la coquille, est obtus à sa
base et porte une entaille très-prononcée, à la réunion des
bords; l'ouverture est assez large, les bords sont réunis
par un dépôt calleux très-fort, qui, d'une part, remonte
au-delà de l'avant-dernier tour et, d'autre part, empâte le
canal du siphon; le bord columellaire est dilaté dans la
partie supérieure, garni de 5 plis, le supérieur oblique et
presque marginé, les deux inférieurs très-dégagés et
minces; le bord droit est très-épais, principalement au milieu, très-saillant au dehors, formant à la partie supérieure
un canal ascendant. (Collection de l'École des Mines et la
mienne.)

Loc. Miocène moyen. Dax, Saucats.

Miocène supérieur. Saubrigues, St-Jean-de-Marsacq.

Obs. Cette espèce se distingue du R. Grateloupi par sa
forme plus allongée, sa spire plus aiguë, ses stries plus espacées, sa bouche moins ouverte et les plis inférieurs de
sa columelle plus épais et plus longs.

28. RINGICULA CACELLENSIS, L. Morlet (pl. VII. fig. 9).

*Testa ovata, crassa, globulosa, inferne parum planu-
lata; spira brevis, acuta ; anfractus 7 convexiusculi, sutura simplici discreti, priores 4 spiraliter sulcati, reliqui
laeves, ultimus 3/4 longitudinis attingens, basi subcanalicu-
latus; apertura constricta, marginibus callo junctis, callo
amplo, crasso, ultra penultimum anfractum superante; margine columellari arcuato, triplicato, plica superna valde*

crassa, media et inferna tenuibus; labro crassissimo, extus late marginato. — Long. 10,5 mill.; diam. 8 mill.

Coquille ovale, épaisse, globuleuse, légèrement aplatie en dessous, lisse, excepté les 4 premiers tours qui sont sillonnés; spire courte et aiguë, composée de 7 tours légèrement convexes, séparés par une suture simple, le dernier formant les 3/4 de la coquille, subéchancré à la base; l'ouverture est resserrée; les bords sont réunis par un dépôt calleux très-étendu, épais et brillant, qui remonte au delà de l'avant-dernier tour; le bord columellaire est fortement arqué, garni de 3 plis dont le supérieur est très-épais, les deux autres allongés et minces; le bord droit très-épais et garni d'un bourrelet très-saillant extérieurement.

Loc. Miocène moyen. Dax.

Miocène supérieur. Cacella, près Lisbonne.

Obs. Cette espèce se distingue du R. Baylei par sa grosseur, par sa forme qui est moins allongée ainsi que sa spire, par l'absence de stries sur les derniers tours et surtout par sa callosité qui couvre une très-grande partie du dernier tour, tandis que, sur le R. Baylei, elle ne couvre qu'à peine le dessous du dernier tour.

29. RINGICULA CROSSEI, L. Morlet (pl. VII, fig. 11).

Testa ovata, tenuis, transversim tenuiter et eleganter striata; spira acuta; anfractus 6 convexiusculi, sensim crescentes, sutura distincta discreti; anfractus ultimus subglobosus, basi rotundatus, 3/5 longitudinis attingens; apertura obliqua, marginibus callo crasso junctis; margine columellari triplicato, superne paulo dilatato, plicis tenuibus; labrum dilatatum, inferne paulo depressum, in 4/5

longitudinis crenulatum, intus plicatum, extus margina-
tum. — Long. 4 1/2 mill.; diam. 2 3/4 mill.

Coquille ovale, mince, finement et élégamment striée ; spire aiguë, composée de 6 tours un peu convexes, s'accroissant graduellement, séparés par une suture bien distincte, le dernier tour formant les 3/5 de la coquille; ouverture oblique ; les bords sont réunis par un dépôt calleux assez fort ; le bord columellaire, garni de 3 plis, est un peu dilaté à la partie supérieure, les plis sont très-minces, le bord droit est dilaté, aplati légèrement en dessous, garni sur les 4/5 de la longueur d'une crénelure très-fine, qui s'enfonce dans l'intérieur de la coquille, muni d'un léger bourrelet extérieurement.

Loc. Miocène moyen. Dax, Manthelan, Léognan.

Miocène supérieur. Saubrigues, Tortone, Vienne.

Obs. Cette espèce, qui se rapproche beaucoup du R. ringens, s'en distingue facilement par ses tours de spire plus globuleux, son ouverture qui est moins dilatée, par la crénelure du bord droit qui est plus étendue, plus fine, et par la coquille qui est moins allongée, proportionnellement. Elle se distingue également du R. gracilis par sa taille plus forte, par sa forme moins allongée, et par la crénelure interne plus étendue et plus fine qui orne son labre.

50. Ringicula Ponteleviensis, L. Morlet (pl. VIII, fig. 8).

Testa brevis, crassa, lævigata ; anfractus 3 1/2 con-
vexiusculi, sutura simplici discreti; ultimus 4/5 longi-
tudinis æquans, basi rotundatus; apertura angusta, mar-
ginibus callo valido, dorsum anfractus ultimi partim
tegente junctis; margine columellari triplicato, plica su-
perna obsoleta, immersa, plica media horizontali, crassa,
plica inferna obliqua, valida; labro fere rectilineo, crasso,

*extus late reflexo, anfractum penultimum partim tegente.
— Long. 5 mill.; diam. 4 mill.*

Coquille courte, épaisse, lisse; les tours, au nombre de
3 1/2, sont peu convexes, séparés par une suture simple,
le dernier formant à lui seul les 4/5 de la coquille, arrondi à sa base; l'ouverture est très-resserrée; les bords
sont réunis par un dépôt calleux très-fort, couvrant une
grande partie de la base du dernier tour; le bord columellaire est garni de 5 plis, le supérieur est peu visible,
étant presque couvert par la callosité, les deux autres très-
épais, le premier perpendiculaire à l'axe et l'inférieur
obliquant vers le sommet; le labre est presque droit, très-
épais, réfléchi en dehors et couvrant presque tout l'avant-
dernier tour.

Obs. Cette espèce se rapproche du R. buccinea, mais
elle est plus courte, moins globuleuse, la callosité n'est
pas si étendue sur le dos du dernier tour et la position
des dents n'est pas la même. La partie supérieure de la
callosité pourrait la faire confondre avec le R. marginata.
Néanmoins, elle est plus faible, et ne cache pas le pli supérieur; la coquille est beaucoup plus petite et ses tours
de spire sont moins nombreux et plus étroits.

Loc. Miocène moyen. Tours, Pontlevoy, Paulnay et
Ferrières l'Arçon, Manthelan.

Miocène supérieur. Saubrigues.

51. RINGICULA AURICULATA, Ménard.

Marginella auriculata, Ménard, Ann. du Mus., vol. XVII,
                p. 551-552, 1811.
—   —   Dubois, Conch. foss. du plat. Vol-
                hynien Podol, p. 24. pl. ı, fig.
                15-16, 1851.

Marginella auriculata, Bronn, Italiens Tertiærgebilde, 1851.

— — Philippi, Enumeratio Molluscorum Siciliæ, vol. I, p. 231, 1851 ; vol. II, p. 197, 1856.

Ringicula — Philippi, Enum. Moll. Siciliæ, vol. II, p. 189, pl. xxviii, fig. 13, 1844.

— — Beyrich, Die Conch. des Nord-deutschen Tertiærgebirges, p. 58, pl. ii, fig. 13, a, b, c, 1853.

— — Speyer, Die Conch. des Casseler Tertiærbildungen, p. 18, pl. i, fig. 18, a, b, c, 1862.

— — — Ueber Tertiær Conch. von Westeregeln in Magdeburgischen, 1862-1864.

— — Weinkauff, Die Conch. Mittelmeeres, vol. II, p. 45, 1868.

— — Monterosato, Journ. Conch., vol. XXV, p. 44, 1877.

— — — Cat. delle Conch. fossili di Monte Pellegrino e Ficarazzi, presso Palermo, p. 13, 1877.

— — Issel, Crociera del Violante, comandato dal capitano armatore Enrico, p. 10, 1878.

Testa minuta, ovata, inflata, alba, lœvigata, spira brevi, acuta, basi marginata, columella triplicata, plicis

acutis, labio expanso, adnato, labro marginato, calloso
(Ménard). — *Long.* 7 *mill.; diam.* 3 1/2 *mill.*

Loc. Miocène moyen. Saucats, Superga.

Miocène supérieur. Sassuolo, Keilwangen, Eibergen (Hollande).

Pliocène inférieur. Anvers, Gênes, Viale près Asti, Montafia, Massera, Villalvernia, Morée.

Pliocène supérieur. Monte Mario, Monte Pellegrino, Palerme, Rhodes.

Vit encore dans l'Océan et la Méditerranée.

52. RINGICULA BROCCHII, Seguenza, ms. (pl. VIII, fig. 2).

Testa ovata, globulosa, tenuis, minute, regulariter et spiraliter striata; spira brevis; anfractus 5 1/2-6 convexi, regulariter crescentes, sutura simplici discreti; anfractus ultimus 2/3 longitudinis æquans, basi rotundatus; apertura lata, marginibus callo junctis, callo penultimum anfractum partim tegente; margine columellari arcuato, superne callo valido incrassato, triplicato, plica superna parva, plicis infernis obliquis, tenuibus; labro regulariter arcuato, crassiusculo, inferne subrotundato et canalem brevem simulante. — Long. 4,8 *mill.* ; *diam.* 3,2 *mill.*

Coquille ovale, globuleuse, mince, finement et régulièrement striée; spire courte, composée de 5 1/2 à 6 tours convexes, s'accroissant régulièrement, séparés par une suture simple, le dernier formant les 2/3 de la coquille, arrondi à la base; ouverture large; les bords sont réunis par un dépôt calleux assez fort, couvrant une partie de l'avant-dernier tour; le bord columellaire, fortement arqué, couvert dans la partie supérieure d'une callosité très-forte, garni de trois plis, dont le supérieur est très-faible,

les deux inférieurs minces et obliques ; le bord droit régulièrement arqué, assez épais, presqu'arrondi à la partie
supérieure, où il forme avec la coquille un petit canal.

Loc. Miocène moyen. Léognan, Saucats.

Miocène supérieur. Saubrigues.

Pliocène inférieur. Gênes, Altavilla, Rinolgo près
Sienne, Castellarquato, Masserano.

Obs. Cette espèce a beaucoup de rapport avec le R.
Gaudryana, mais elle s'en distingue facilement par sa taille
plus petite, ses tours de spire plus arrondis, sa suture
simple, et son bord droit qui ne forme jamais, à la partie
supérieure, un angle, comme dans le R. Gaudryana.

53. Ringicula buccinea, Brocchi (Pl. VIII, fig. 6).

Voluta buccinea, Brocchi, Conch. foss. sub., vol. II, p.
95, pl. iv, fig. 9, 1814 ; et vol. II,
2mo édit., p. 519, pl. iv, fig. 9,
1843.

— pisum, Brocchi, Conch. foss. sub., p. 642, pl.
xv, fig. 10, 1814.

Auricula buccinea, Sowerby, Min. Conch., vol. V, p. 100,
pl. ccccLXV, fig. 2, 1825.

— — Deshayes, Expéd. scient. de Morée,
vol. II, p. 170, 1833.

Marginella auriculata, Philippi, Enum. Moll. Siciliæ,
vol. I, p. 231, 1831 ; vol. II,
p. 198, pl. xxviii, fig. 131,
1836.

Ringicula buccinea, Deshayes, Hist. nat. des an. s. vert.
(Lam.), 2me édit., vol. VIII, p.
244, 1838.

— — Searles Wood, Monog. of the Crag
Mollusca, vol. I, p. 22, pl. i,

fig. 2, *a*, *b*, 1847 ; vol. XXVII,
p. 96, 1875.

Ringicula buccinea, Deshayes, Traité élémentaire de
Conch., expl. des pl., p. 48,
pl. LXXVII, fig. 10, 11, 12, 1855.

— — Hörnes, Abhandlungen des Kaiser-
lich - Koniglichen Geologischen
Reichsanstalt, vol. I, p. 86, pl.
IX, fig. 5, *a, b ;* 4, *a, b, c, d,*
1856.

— (Voluta) buccinea, Seguenza, Sulla formazione miocenica de Sicilia, p. 11,
1862.

— buccinea, Foresti, Cat. dei Moll. foss. Pliocenici delle colline Bolognesi, 1[re]
partie, p. 48, 1868.

— — Foresti, var. cincta, Foresti, l. c.

— — Issel, Appunti Paleontologici, p. 22,
1877.

*Testa minuta, subovata, inflata, lœvigata ; spira brevi,
acuta ; columella triplicata, plicis acutis, labio expanso,
adnato ; labro marginato, in medio inflato, non exarato*
(Brocchi). — *Long. 8,8 mill. ; diam. 6,2 mill.*

Loc. Miocène moyen. Mandillot, Bacedasco.

Miocène supérieur. Kilwangen, Sassuolo, Soo,
Vöslau.

Pliocène inférieur. Antibes, Albenga, Gênes, Castelnuovo d'Asti, Altavilla.

Vit encore dans l'Océan et la Méditerranée.

Obs. L'échantillon que nous représentons étant plus
adulte que celui figuré par Brocchi, on remarquera

que le labre est plus épais et la callosité plus forte. Nous avons cru devoir faire figurer l'espèce fossile, quoique l'ayant déjà fait pour l'espèce vivante, les échantillons fossiles étant généralement plus forts que ceux à l'état vivant.

M. Foresti, dans son Cat. dei Moll. fossili Pliocenici, p. 48, crée une variété du R. buccinea qu'il nomme var. cincta : elle se distingue du type par des traces de côtes longitudinales que l'on aperçoit sur la partie dorsale du dernier tour.

Loc. Miocène moyen. Bacedasco.

Miocène supérieur. Sassuolo.

54. RINGICULA CONFORMIS, Monterosato.

R. auriculata, var. conformis, Monterosato, Nuova rivista
       delle conchiglie Mediterranee, p. 45,
       1875.
— conformis, Monterosato, Journ. de Conchyliologie, vol.
       XXV, p. 44, pl. xi, fig. 4, 1877.
—   —   —   Cat. delle Conch. foss. di
       Monte Pellegrino et Ficarazzi, presso
       Palermo, p. 13, 1877.

. La forme et la disposition des dents sont différentes de celle du R. auriculata ; l'ouverture est plus grimaçante et, en outre, le test n'est pas strié superficiellement. Dans quelques localités, cette espèce présente, sur les premiers tours, une apparence de plis verticaux (Monterosato). Long. 4 mill. ; diam. 3, 4 mill.

Loc. Miocène moyen. Superga.

Pliocène inférieur. Borzoli, Zinola près Savone,
       Villalverma, Masserano, Viale près Montafia.

Pliocène supérieur. Monte Pellegrino, Ficarazzi,
       Rhodes.

Vit encore dans la Méditerranée et l'Atlantique.

Obs. Cette forme, considérée d'abord comme une simple variété de l'auriculata, a été élevée récemment au rang d'espèce par l'auteur.

55. RINGICULA ELEGANS, Pecchioli (Pl. VII, fig. 8).

R. elegans, Pecchioli, Atti della Società Ital. di Scienze naturali, vol. VI, p. 508, pl. v, fig. 52-54, 1864.

— — Pecchioli, Desc. di alcuni nuovi fossili delle argille subappennine Toscane, p. 11, n° 6, pl. v, fig. 52-54, 1864.

— — Foresti, Catalogo dei Molluschi fossili Pliocenici, p. 48, 1868.

Testa minuta, solida, ovata; spira brevi, acuta, exilissime transversim striata, costellis raris, minutis, filiformibus longitudinaliter exornata ; labro incrassato, calloso, expanso, adnato ; columella subquadriplicata (Pecchioli). — *Long. 7 mill.; diam. 5 mill.*

Loc. Miocène supérieur. Buccheri.

Pliocène inférieur. Cortandone près Asti, Sienne.

Pliocène supérieur? Girgenti.

56. RINGICULA EXILIS, Eichwald (Pl. VII, fig. 5).

Voluta exilis, Eichwald, Zoologia specialis potiss. Rossiæ et Poloniæ, vol. I. p. 298, pl. v, fig. 15, 1829.

Marginella exilis, Eichwald, Naturhist. Skizze von Lithauen, Volhynien, u. s. w., vol. I, p. 221, 1850.

— auriculata, Dubois, Conch. foss. du plat. Vo-

Ihynien Podol, vol. III, p. 24,
pl. I, fig. 15-16, 1831.

Ringicula exilis, d'Orbigny, Prod., vol. III, p. 37, n° 544,
1852.

— — Pictet, Traité de Paléontologie, vol. III,
p. 102, 1855.

— buccinea, Eichwald, Lethaea Rossica (Paléontologie de la Russie), vol. III, p. 258,
1855.

— (Voluta) exilis, Seguenza, Sulla formazione mio-
cenia de Sicilia, p. 11, 1862.

*Testa exigua, ventricosa, gibboso-ovata, transversim
tenuissime striata, vertice acutissimo; apertura longiore ;
margine reflexo, incrassata, basi emarginata, columellari
margine triplicata. Var. B. exilis, tenuissimis anfractibus,
acutissimis, ultimo subito incrassato* (Eichwald). — *Long.*
6 *mill.; diam.* 4,2 *mill.*

Loc. Miocène supérieur. Salles, Tortone, Stazzano, Sassuolo, Buïtur (B. de Vienne), Baden, Vöslau,
Gainfaren.

Pliocène inférieur. Antibes, Castelnuovo d'Asti,
Castell'Arquato.

Pliocène supérieur? Girgenti.

Obs. Quoique M. Eichwald identifie son exilis avec le
R. buccinea, nous ne croyons pas devoir supprimer cette
espèce, car les échantillons que nous avons examinés sont
fortement striés, la spire assez allongée, le labre presque
droit, tandis que le R. buccinea est lisse, globuleux, à
spire très-courte, à labre complétement arrondi et à callosité beaucoup plus forte.

57. Ringicula Gaudryana , L. Morlet (Pl. VII, fig. 12).

Testa ovata, piriformis, ventricosa, tenuis, tenuiter, regulariter et spiraliter sulcata; spira brevis; anfractus 6, rapide crescentes, sutura fere canaliculata discreti; ultimus 5/8 testæ formans, basi obtusus, superne convexus, dilatatus et interdum subangulatus; apertura ampla, marginibus tenui callo junctis, margine columellari arcuato, triplicato, plica superna obsoleta, labro obliquo, extus marginato et incrassato, — Long. 8 mill.; diam. 6 mill.

Coquille ovale, piriforme, ventrue, mince, finement et régulièrement striée en travers; spire courte, composée de 6 tours convexes, s'accroissant rapidement, séparés par une suture presque canaliculée, le dernier tour formant les 5/8 de la coquille, un peu obtuse à la base; la partie supérieure des tours est très-convexe, principalement celle du dernier, ce qui lui donne l'aspect d'une carène; ouverture large; les bords sont réunis par un mince dépôt calleux; le bord columellaire légèrement arqué, garni de 5 plis dont le supérieur est très-faible, et les autres assez allongés, minces et tordus; le bord droit, oblique par rapport à l'axe de la coquille, est mince, formant, à la partie supérieure, un angle assez prononcé, extérieurement bordé et épaissi.

Loc. Miocène moyen. Léognan, Superga, Bacedasco.

Miocène supérieur. Saubrigues, Stazzano.

Pliocène inférieur. Biot, Antibes, Savone, Castell' Arquato, Masserano, Castelnuovo d'Asti, Viale, Borzoli, Sienne, environs de Bologne, Altavilla.

Obs. Cette espèce se distingue de ses congénères, non-seulement par sa forme globuleuse en général, mais surtout par sa dent supérieure, qui est presque nulle, et par la forme de son labre, qui est oblique et non arqué. Elle diffère du R. striata par sa grosseur, sa forme plus globuleuse, son ouverture dilatée en haut et sa spire beaucoup plus courte.

58. Ringicula Grateloupi, d'Orbigny (Pl. VIII, fig. 1).

Auricula ringens, Grateloup, Cat. zool. des An. du bassin de la Gironde, n° 65, var. A, n° 85, 1838.

Auriculina — var. major, Grateloup, Conch. foss. du bassin de l'Adour, Plicacés, n° 1, pl. vi, fig. 6-7, 1840.

Ringicula Grateloupi, d'Orbigny, Prod., vol. III, p. 6, n° 76, 1852.

— — Pictet, Traité de Paléontologie, vol. III, p. 101, pl. lx, fig. 9, 1855.

Testa majore, turgida ; spira brevi ; columella triplicata ; labro marginato. — Long. 7,2 mill.; diam. 5,3 mill.

Loc. Miocène moyen. Léognan, Saucats, Superga, Baldissero.

Miocène supérieur. Salles, Saubrigues, St-Jean-de-Marsacq, Sassuolo, Stazzano, Büitur, Baden.

Pliocène inférieur. Perpignan.

59. Ringicula intermedia, Foresti (Pl. VIII, fig. 3).

R. buccinea, Brochi, var. intermedia, Foresti, Catalogo dei Molluschi fossili Pliocenici delle Colline Bolognese, 1ʳᵉ partie, p. 48, pl. ii, fig. 7, 8, 9, 1868.

— — Seguenza, Catalogo geologico d'Italia, vol. VI, p. 152, 1875.

« Cette variété a été nommée par moi intermedia pour
« indiquer qu'elle forme le passage entre la buccinea, Des-
« hayes, et l'elegans, Pecchioli. Les exemplaires de cette
« variété ont la même forme que les deux espèces précé-
« dentes : elle n'en diffère pas par les dimensions, par la
« forme des tours et de la bordure, et par le nombre des
« plis columellaires, mais on y trouve bien visibles les pe-
« tites côtes filiformes longitudinales qui ornent la R. ele-
« gans, sans présenter aucune strie transversale dans les
« interstices, lesquelles sont lisses et luisantes, comme on
« l'observe chez la R. buccinea. (Foresti.) »

Loc. Miocène moyen. Mandillot.

Miocène supérieur. Saubrignes, Tortone, Stazzano.

Pliocène inférieur. Albenga Lugagnano, Sienne,
Cortandona.

En raison des caractères constants qui distinguent la
variété intermedia, et afin d'éviter toute confusion, nous
proposons de l'élever au rang d'espèce.

40. RINGICULA LEPTOCHEILA, Brugnone.

R. leptocheila, Brugnone, Miscellanea malacologica, première partie, p. 11, pl. I, fig. 18, 1875.

— — Seguenza, Comitato geologico d'Italia,
vol. VI, p. 152, 1875.

— — Monterosato, Cat. delle Conch. foss. di
Monte Pellegrino e Ficarazzi presso
Palermo, 1877.

*Testa ovato-acuminata, ventricosa, tenui, nitidula, sub-
tilissime transversim striato-punctata; spira parum exer-
ta; anfractibus 5, convexis; apertura magna, subangulata,
columella contorta, plicata; plicis 1-2 acutis; labro tenui-*

ter marginato; intus lævi; labio exilissimo, adnato (Brugnone). — *Long. 5 mill.; diam. 4 mill.*

Loc. Miocène moyen. Superga.

Pliocène-supérieur. Ficarazzi, près Palerme.

Obs. Cette espèce se trouve vivante dans la Méditerranée et l'Océan Atlantique. M. Jeffreys la considère comme identique avec le R. ventricosa, Sowerby.

41. RINGICULA MARGINATA, Deshayes (Pl. VIII, fig. 7).

Auricula marginata, Deshayes, Encycl. méth. Vers, vol. II,
             p. 95, n° 22, 1830.

Ringicula marginata, Deshayes, An. s. vert. (Lamk.),
             vol. VIII, p. 345, n° 4, 1838.

— — Sismonda, Syn. meth., p. 52,
             1847.

— — D'Orbigny, Prod., vol. III, p. 168,
             n° 72, 1852.

— — Pictet, Traité de Paléontologie,
             vol. III, p. 101, 1855.

Testa ovata, ventricosa, lævigata; spira acuta; sutura subcanaliculata; labro sinistro latissimo; columella triplicata, callo repando postice instructa, labro dextro sub callo marginato, in medio valde incrassato (Deshayes).— *Long. 8 mill.; diam. 5 mill.*

Loc. Miocène moyen. Superga.

Miocène supérieur. Salles, Saubrigues, Wurenlos
        près Zurich.

Pliocène inférieur. Perpignan, Savone, Cortandona près Asti, Val-d'Andole, Villalvernia.

42. RINGICULA QUADRIPLICATA, L. Morlet. (Pl. VII, fig. 1).

Testa ovata, ventricosa, crassa, longitudinaliter et sub-

*tiliter striata, spiraliter costulata; anfractus 6 convexi,
sutura profunda discreti; anfractus ultimus 2/3 longitudinis attingens, rotundatus; apertura angusta, marginibus
callo ascendente et anfractum penultimum superante
junctis; margine columellari superne dilatato et biplicato,
inferne plicis majoribus 2 munito; labro crasso præcipue
ad medium, et canalem ascendentem superne formante. —
Long. 12 mill.; diam. 8 mill.*

Coquille ovale, ventrue, épaisse, finement striée en long,
côtelée en travers. Les tours, au nombre de 6, sont convexes et séparés par une suture profonde, le dernier, formant les 2/5 de la coquille, est arrondi; l'ouverture est
resserrée; les bords sont réunis par un dépôt calleux qui
remonte au delà de l'avant-dernier tour; le bord columellaire est dilaté dans la partie supérieure, et garni de
deux plis dont l'inférieur est marginé, la base de la columelle est garnie de deux autres plis plus forts; le bord
droit très-épais, surtout au milieu, forme, à la partie
supérieure, un petit canal ascendant.

Loc. Miocène moyen. Cabanes, Turin, Bacedasco.

Miocène supérieur. Angers, Saubrigues, St-Jean-
de-Marsacq, Sassuolo, Stazzano, Baden.

Pliocène inférieur. Biot, Antibes, Castelnuovo-
d'Asti, Castell'Arquato, Albenga, Coro-
niana, Vallon Tenero, Valle de Fine, Fal-
biano, Zinola près Savone, Sienne, Morée.

43. RINGICULA TOURNOUERI, L. Morlet. (Pl. VI,
fig. 10).

*Testa tenuis, regulariter striata; anfractus 6 convexius-
culi, sutura conspicua discreti; anfractus ultimus 3/5 longitudinis attingens, basi rotundatus; spira elongata, sensim crescens; apertura angusta; marginibus callo crasso*

junctis; margine columellari arcuato, triplicato, plica su-
perno parum distincta, plicis infernis validis et obliquis;
labro fere arcuato, crassissimo præcipue ad medium, ex-
tus prominente. — Long. 5 mill.; diam. 3 mill.

Coquille mince, régulièrement striée : les tours, au nombre de 6, sont un peu convexes et séparés par une suture
assez sensible, le dernier formant les 3/5 de la coquille
et arrondi à la base; spire allongée, augmentant graduellement; ouverture rétrécie, à bords réunis par un dépôt
calleux très-fort; le bord columellaire arqué, garni de
3 plis, le supérieur peu distinct et les inférieurs très-
saillants et obliques; labre presque droit, très-épais, surtout au milieu, et saillant en dehors.

Loc. Miocène moyen. Léognan, Manthelan, Mandillot,
Saucats, Saint-Paul-les-Dax, Superga,
Termo-Fourà, Kilwange.

Miocène supérieur. Saubrigues, Sassuolo.

Pliocène inférieur. Castelnuovo d'Asti, Anvers
(Crag).

Obs. Cette espèce se distingue du R. elongata par sa
taille plus courte, sa spire plus allongée en proportion,
ses stries moins profondes et ses tours de spire moins en-
flés, sa callosité du bord columellaire plus forte et son bord
droit plus détaché.

44. RINGICULA BIPLICATA, Lea.

Marginella biplicata, Lea, Contributions to Geology, p. 201,
pl. vi, fig. 216. 1833.

Ringicula — Conrad, Check Lists of the Inverte-
brate fossils of North America, p. 9
34, Nº 265. 1866.

Shell pyramidal, transversely striate, emarginated at

base, substance of the shell thick; spire elevated, pointed, whorls four rounded, columella with two large folds, mouth small; outer lip very thick and minutely crenulated within (Isaac Lea).— *Long. 3 mill.; diam. 2 1/2 mill. (ex icone).*

Loc. Eocène moyen. Alabama.

45. Ringicula varia, Gabb.

Ring. varia, Gabb, Geological Survey of California (Palæontologie) vol. I, p. 112, pl. XXIX, fig. 222, a, b, 1864, et vol. II, p. 231, 1869.

Shell small, elongate-ovoid, spire high; whorls six slightly convex; suture well-marked; body whorl broadly and regularly convex. Aperture wide, acute behind, narrowed in front, and with a deep, oblique notch. Outer lip nearly simple, the margine being not twice as thick as the shell behind it, and very narrow; inner lip covered with a small, circumscribed callus, bearing two small acute folds anteriorly. Surface variable, sometimes almost perfectly smooth and polished, at other times ornamented by sharp, impressed lines; and in still other specimens hoving square ribs of variable width, with the lines of growth strongly developed in the interspaces, and represented on the surface of the ribs by shallow undulations. (Gabb). — *Long. 12 mill.; diam. 7 mill. (ex icone).*

Coquille petite, allongée, ovoïde; spire haute; six tours légèrement convexes, suture marquée; le dernier tour largement et régulièrement convexe. Ouverture large, acuminée en arrière, étroite en avant et avec une échancrure profonde et oblique. La lèvre externe presque simple, le bord, n'ayant guère que deux fois l'épaisseur de la coquille, est très-étroit; la lèvre interne couverte d'une callosité petite, circonscrite, portant 2 petits plis acuminés en avant. Surface variable, quelquefois parfaitement lisse et polie, d'autres fois, ornée de lignes nettement marquées ; dans d'autres spécimens, on observe des côtes carrées d'une largeur variable, avec les lignes d'accroissement fortement développées dans les intervalles et représentées, à la surface des côtes, par de légères ondulations.

Loc. Eocène moyen. Cow Creek, Shasta County, east of Shasta City.

46. RINGICULA ?

Ring. ? d'Archiac, Desc. des an. foss. de l'Inde, p. 285, pl. XXVI, fig. 8, 1846.

—   —   Bulletin de la Société Géol. de France, 2me série, vol. III, p. 552, 558, 1846.

Loc. Eocène moyen ? Calc. jaune du Scinde.

Obs. M. d'Archiac cite, dans son ouvrage, une Ringicule dont il ne donne ni le nom ni la diagnose, mais seulement une figure de la coquille, vue de dos. Ne pouvant la dénommer, j'indique simplement la localité, afin d'attirer l'attention des géologues sur cette espèce.

47. RINGICULA SEMISTRIATA, d'Orbigny.

Ring. semistriata, d'Orbigny, Hist. de l'île de Cuba, par Ramon de la Sagra. Mollusques, Al. d'Orbigny, vol. II, p. 103, pl. XXI, 17-19, 1853.

—   —   Gabb, Topography and Geology of Santo Domingo, p. 225, 1873.

—   tridentata, Guppy, Geological Magazine, West Indian Tertiary fossils, vol, I, p. 406, 1874.

Testa ovate conic, moderately thick, smooth, shining; spire conic. Whorls about 4. Aperture suboval : columella thickened and bearing two strong spiral plaits, the callus continued backward, and carrying a stout tooth on the body-whorl, the latter separated by a deep notch, on canal from the thickened and somewhat everted outer lip. (Guppy). — *Long. 2 mill.; diam. 1 mill.*

Loc. Miocène moyen. Haïti.

Obs. Le R. tridentata, Guppy, doit être rapporté au R. semistriata, d'Orbigny. M. Guppy lui-même le fait remarquer, d'après la conclusion de M. Gabb, qui a pu vérifier les deux deux espèces.

Cette espèce se trouve à la Jamaïque, à l'état vivant.

48. Ringicula Africana. L. Morlet (Pl. VII, fig. 10).

Testa ovato-elongata, lœvis, crassa; spira acuta; anfractus 6 1/2 convexiusculi, sutura canaliculata discreti; uitimus globulosus, basi rotundatus, 2/3 longitudinis attingens; apertura rotundata, marginibus callo tenui junctis, margine columellari arcuato, triplicato, plica superna callo immersa, inferna contorta; labrum arcuatum, medio dilatatum, superne vix canaliculatum, extus valde crassum. — *Long. 6 1/2 mill., diam. 4,6 mill.*

Coquille ovale-allongée, lisse, épaisse, spire aiguë, composée de 6 1/2 tours un peu convexes, séparés par une suture canaliculée, le dernier globuleux, arrondi à sa base, formant les 2/3 de la coquille : ouverture arrondie ; les bords sont réunis par une légère callosité ; le bord columellaire est arqué, garni de 3 plis, dont le supérieur est sensiblement empâté dans la callosité, et l'inférieur est tordu ; le bord droit est légèrement arqué, un peu dilaté au milieu, formant une légère gouttière au sommet, à sa jonction, un peu au-dessous de la suture de l'avant-dernier tour : ce bord est très-épais à l'extérieur.

Loc. Pliocène inférieur. Douerah (Algérie).

DISTRIBUTION GÉOLOGIQUE

DES RINGICULES EUROPÉENNES.

ESPÈCES APPARTENANT AUX TERRAINS CRÉTACÉS :

1. R. Deshayesi, Guéranger.
2. R. Verneuili, d'Archiac.

Obs. Ce n'est qu'avec doute que nous maintenons ces deux espèces dans le G. Ringicula, n'ayant pu les vérifier.

ESPÈCES APPARTENANT EN PROPRE :

A. A l'Eocène inférieur.

1. R. minor, Deshayes.

B. A l'Eocène moyen et supérieur (Oligocène inférieur).

1. R. Bezançoni, L. Morlet.
2. R. coarctata, Koënen.
3. R. nana, L. Morlet.
4. R. ringens, Deshayes.
5. R. Vasca, Tournouër.

Pas d'espèces communes à l'Eocène et au Miocène.

ESPÈCES APPARTENANT EN PROPRE :

A. Au Miocène inférieur (Oligocène moyen).

1. R. gracilis, Sandberger.

2. R. minutissima, Deshayes.
3. R. Semperi, Koch.
4. R. striata, Philippi.
5. R. subventricosa, d'Orbigny.

B. Au Miocène moyen.

1. R. Bourgeoisi, L. Morlet.
2. R. costata, Eichwald.
3. R. elongata, L. Morlet.
4. R. lævigata, Eichwald.
5. R. Paulucciæ, L. Morlet.
6. R. plicatula, Mayer.
7. R. ventricosa, Sowerby.

C. Au Miocène supérieur.

1. R. acutior, Mayer.
2. R. Berthaudi, Michaud.
3. R. Fischeri, L. Morlet.
4. R. gigantula, Doderlein.

ESPÈCE COMMUNE AUX TROIS ÉTAGES DU MIOCÈNE :

1. R. Sandbergeri, L. Morlet.

ESPÈCES COMMUNES AU MIOCÈNE MOYEN ET AU MIOCÈNE SUPÉRIEUR :

1. R. Baylei. L. Morlet.
2. R. Cacellensis, L. Morlet.
3. R. Crossei, L. Morlet.
4. R. Ponteleviensis, L. Morlet.
5. R. buccinea, Brocchi, var. cincta, Foresti.
6. R. Bonellii, Deshayes.

ESPÈCES COMMUNES AU MIOCÈNE ET AU PLIOCÈNE :

1. R. auriculata, Ménard.
2. R. Brocchii, Seguenza.
3. R. buccinea, Brocchi.
4. R. conformis, Monterosato.
5. R. elegans, Pecchioli.
6. R. exilis, Eichwald.
7. R. Gaudryana, L. Morlet.
8. R. Grateloupi, d'Orbigny.
9. R. intermedia, Foresti.
10. R. leptocheila, Brugnone.
11. R. marginata, Deshayes.
12. R. quadriplicata, L. Morlet.
13. R. Tournoueri, L. Morlet.

En résumé, il y a 45 espèces de Ringicules fossiles européennes, actuellement connues.

Sur ces 45 espèces, 2 appartiennent aux terrains crétacés ; 6 appartiennent à l'Éocène ; 22, plus la var. cincta, appartiennent au Miocène ; 13 appartiennent au Miocène et au Pliocène.

Quatre espèces, qui datent du Miocène, se trouvent encore, à l'état vivant, dans les mers européennes :

R. auriculata, Ménard, Océan, Méditerranée.
R. buccinea, Brocchi.
R. conformis, Monterosato, Méditerranée, Atlantique.
R. leptocheila, Brugnone.

En dehors de l'Europe, nous ne trouvons que cinq espèces de Ringicules fossiles, signalées par les auteurs.

2, dans le terrain Éocène de l'Alabama : le R. biplicata, Lea, et, en Californie, le R. varia, Gabb.

1, dans le terrain nummulitique du Scinde, sans nom spécifique (d'Archiac).

1, dans le terrain pliocène d'Algérie, le R. Africana, L. Morlet.

1, dans le terrain miocène d'Haïti, R. semistriata, d'Orbigny, qui vit encore dans la mer des Antilles.

ESPÈCES A SUPPRIMER DU GENRE RINGICULA.

Parmi toutes les espèces rapportées à tort au genre Ringicula, nous trouvons les suivantes, que l'on doit éliminer :

R. incrassata, Geinitz, qui est un Avellana.
R. pyramidalis, Desor, qui est un Auricula.
R. simulata, Philippi, qui est un Acteon.
R. turgida, d'Orbigny, qui est un Ringinella.

Avant de terminer, nous prions tous les naturalistes qui ont bien voulu nous prêter leur concours et nous communiquer les matériaux qu'ils avaient à leur disposition, de vouloir bien agréer nos remercîments les plus sincères.

L. M.

Paris. — Imprimerie de Mme Ve Bouchard-Huzard, rue de l'Éperon, 5;
J. TREMBLAY, gendre et successeur.

EXTRAIT DES NUMÉROS D'AVRIL ET DE JUILLET 1878

du

JOURNAL DE CONCHYLIOLOGIE,

PUBLIÉ PAR H. CROSSE,

RUE TRONCHET, 25,

PARIS.

PL. V

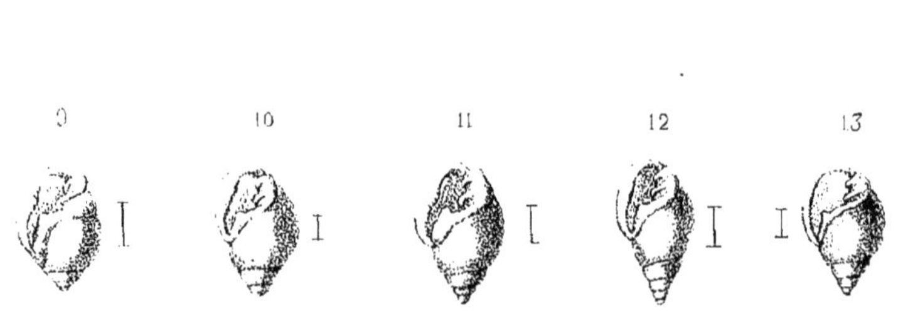

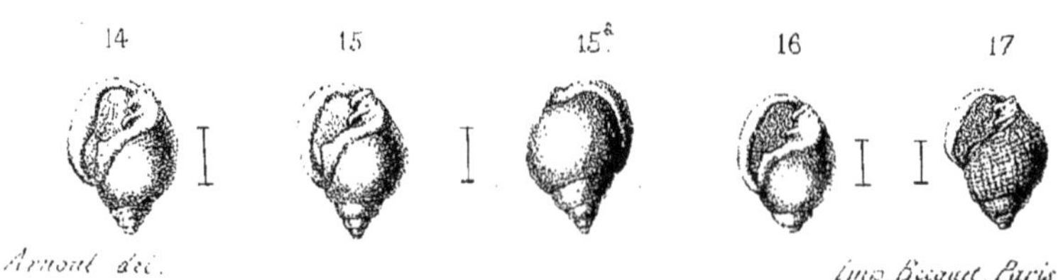

Arnoul del.

Imp. Becquet, Paris.

Monographie du genre Ringicula.
Espèces vivantes.

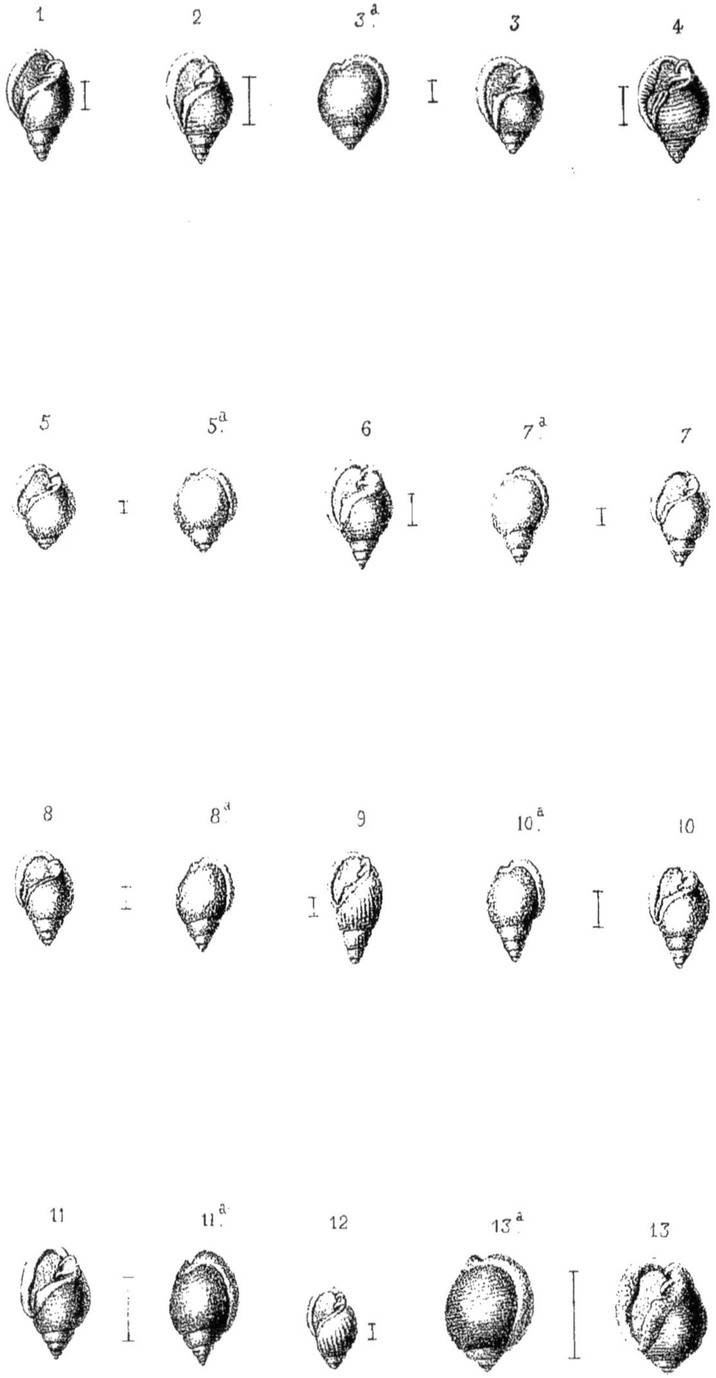

1   2   3ᵃ   3   4

5   5ᵃ   6   7ᵃ   7

8   8ᵃ   9   10ᵃ   10

11   11ᵃ   12   13ᵃ   13

Arnoul del.

Imp. Becquet, Paris.

Monographie du genre Ringicula.

Espèces fossiles.

Arnoul del. Imp. Becquet, Paris.

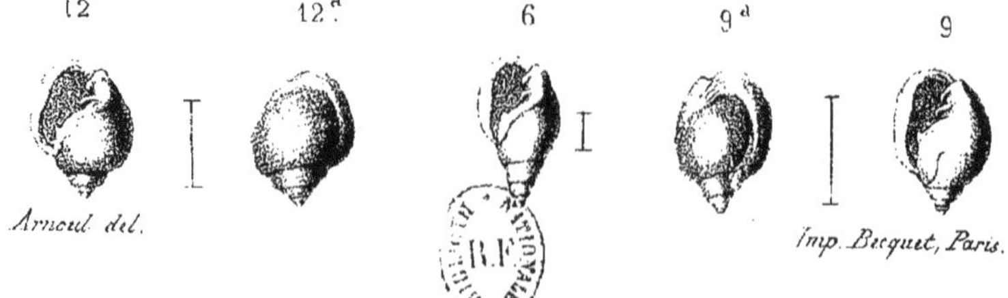

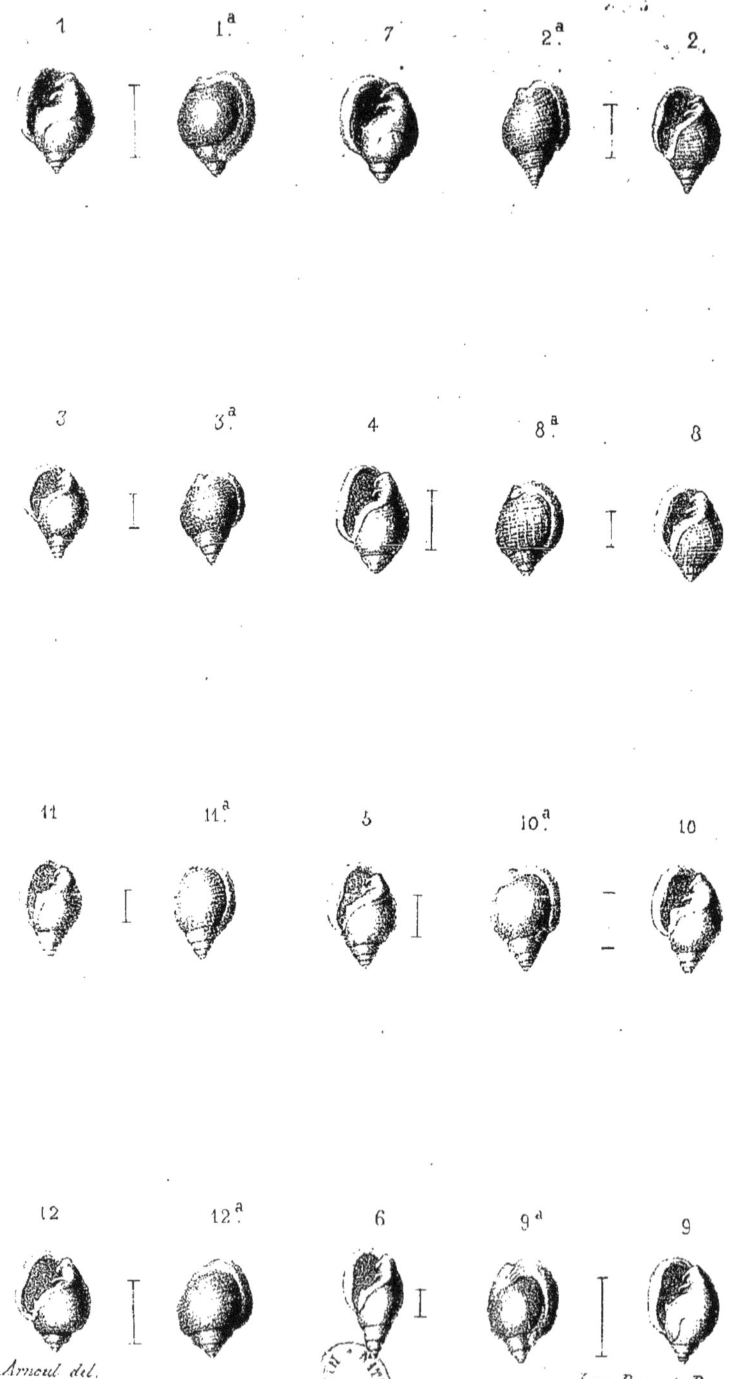

Monographie du genre Ringicula.

Espèces fossiles.

3   3ᵃ   1   2ᵃ   2

4   4ᵃ   7ᵃ   7

5   5ᵃ   5ᵇ   8ᵃ   8

 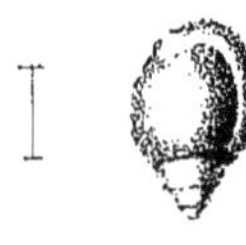    

9   9ᵃ   6   10

Arnoud del.   Imp. Becquet, Paris.

Monographie du genre Ringicula.

Espèces fossiles.